Christa Meves

Manipulierte Maßlosigkeit
Band 401 · 140 Seiten, 11. Aufl.

Wunschtraum und Wirklichkeit. Lernen an Irrwegen und Illusionen
Band 433 · 160 Seiten, 5. Aufl.

Die Bibel antwortet uns in Bildern. Tiefenpsychologische Textdeutungen im Hinblick auf Lebensfragen heute
Band 461 · 160 Seiten, 4. Aufl.

Ehe-Alphabet
Band 485 · 128 Seiten, 4. Aufl.

Joachim Illies

Für eine menschenwürdige Zukunft
Band 432 · 128 Seiten, 3. Aufl.

Die Sache mit dem Apfel. Eine moderne Wissenschaft vom Sündenfall
Band 447 · 176 Seiten, 2. Aufl.

Umwelt und Innenwelt
Band 487 · 128 Seiten

Christa Meves / Joachim Illies
Lieben – was ist das? Ein Grenzgespräch zwischen Biologie und Psychologie
Band 362 · 128 Seiten, 6. Aufl.

in der Herderbücherei

Herderbücherei

Band 489

Über das Buch

Die Skepsis gegenüber der Entwicklung der modernen Wissenschaften wächst. Die zerstörenden Kräfte, die durch die Forschung freigelegt wurden, stehen in krassem Widerspruch zur weitverbreiteten Vorstellung, das Heil der menschlichen Gesellschaft hänge allein vom wissenschaftlichen Fortschritt ab.
Dieses Taschenbuch ist nicht wissenschaftsfeindlich, doch wendet es sich entschieden gegen jeden Omnipotenz-Anspruch der Wissenschaften. Die Autoren, selbst ausgewiesene Wissenschaftler, eröffnen dem Leser Perspektiven einer neuen Selbstverwirklichung, die ein einseitiger Rationalismus bislang verschüttet hatte. Sie verlangen einen Wandel im wissenschaftlichen Denken, der zu den Werten jenseits aller Wissenschaften führt.

Die Befreiung vom wissenschaftlichen Glauben

Herausgegeben von
Heinrich Zoller

Mit Beiträgen von

Heinrich Zoller
Joachim Illies
Walter Herbst
Wladimir Lindenberg
Alfons Rosenberg
Christa Meves
Hugo Kükelhaus
Walter Heitler

Herderbücherei

Originalausgabe
erstmals veröffentlicht als Herder-Taschenbuch

Das Symposion
Gesprächskreis über die Verantwortung der Wissenschaft

Symposion 1973
in Verbindung mit der Evangelischen Akademie
Arnoldshain:
Die Wandlung der Wissenschaft als notwendige
Voraussetzung für die Zukunft des Menschen

Herder Freiburg · Basel · Wien
Herder Druck Freiburg im Breisgau 1974
ISBN 3-451-01989-2

Inhalt

Vorwort

> Wir erkennen über die mechanisch-physikalische Kausalität hinaus das Geistige als Wirkursache in der Welt an.

Seit seiner Gründung durch Dr. Kurt Stuckenschmidt hatte es sich der Gesprächskreis über die Verantwortung der Wissenschaft „Das Symposion" zur Aufgabe gemacht, die Gefahren aufzuzeigen, die durch den Absolutheitsanspruch einer wert- und bindungsfreien Naturwissenschaft auf die Menschheit zukommen. Wegen schwerer Erkrankung von Dr. Kurt Stuckenschmidt mußte der Herausgeber des vorliegenden Buches die Leitung der vorletzten Tagung, die an der Evangelischen Akademie in Hessen und Nassau (Arnoldshain) im April 1970 stattgefunden hat, gemeinsam mit Akademiedirektor, Dr. Hans Kallenbach, übernehmen. In bedrängender Weise stand in den meisten Vorträgen und Aussprachen jener Tagung die Frage im Mittelpunkt, inwiefern der Mensch zum Gegenstand einer Verplanung und Reglementierung erniedrigt werde, seine individuelle Freiheit verliere und als Experimentierobjekt rücksichtsloser, wissenschaftlicher Neugierde unterworfen werden könne. Unter dem Eindruck dieser beängstigenden Problematik faßte später der Vorstand des Gesprächskreises den Entschluß, es sei am nächsten Symposion, dessen Referate in diesem Band vereinigt sind, die Frage zu behandeln, wie die Menschheit erneut zu einer für die Zukunft verbindlichen ethischen Wertung der natürlichen und gesellschaftlichen Umwelt gelangen könne.

Während mehrerer Debatten, die zwischen den Vorstandsmitgliedern stattgefunden haben, gelangte der Herausgeber zur Einsicht, daß von einer weiteren Veranstaltung nur eine tiefe und zugleich weitreichende Wirkung ausgehen könne, wenn sich die Referenten dazu bereitfinden, in vorbereitenden Gesprächen ihre Gedanken aufeinander abzustimmen, um zu einer gemeinsamen

Minimalkonfession zu kommen. Allzu groß ist die Zahl der Tagungen, die den üblichen Charakter einer Sammlung von Monologen aufweisen und keine echte Strahlungskraft erzeugen, da es ihnen am Mut zu einem klaren Bekenntnis fehlt.

Der Herausgeber möchte es als eine in seltenem Maße glückliche Fügung bezeichnen, daß er in den Herren Prof. Dr. Walter Heitler, Dr. W. Herbst, Prof. Dr. J. Illies, Hugo Kükelhaus, Dr. W. Lindenberg, Dr. A. Rosenberg und Frau Christa Meves Gesprächspartner gefunden hat, die an einer derart anspruchsvollen Vorbereitung teilnehmen konnten, und zugleich in Herrn Max Himmelheber einen großzügigen Gastgeber, der dafür sorgte, daß alle Diskussionen in einer ruhigen und schöpferischen Atmosphäre verliefen. Herrn Max Himmelheber verdanken wir auch das gemeinsame Grundbekenntnis, das als Motto zum vorliegenden Band die verschiedenen Beiträge zusammenfaßt. Damit sollen weder mittelalterliche Dogmen restauriert noch der aktuelle Unfehlbarkeitsanspruch der modernen Wissenschaft durch andere zukünftige Dogmatismen ersetzt werden. Als Befreiung vom wissenschaftlichen Glauben ist schlicht und einfach die Möglichkeit ins Auge zu fassen, über die Zuständigkeit der Wissenschaft hinaus zu fragen, zu denken und zu erfahren, ohne von der landläufigen intellektuellen Schizophrenie in schädlicher Weise behindert zu werden.

Der Leser muß sich also nicht von vornherein auf das umfassende Motto als „Confessio minima“ verpflichten. Er wird aber, wenn er dieses Buch aufschlägt, wohl mit den Autoren darin übereinstimmen, daß nach dem Zerfall der traditionellen Normen der Versuch unternommen werden muß, einer neuen, verbindlichen, überwissenschaftlichen Wertung näherzukommen, und daß dies nur geschehen kann, wenn Zuständigkeit und Grenzen der Wissenschaft nüchtern überprüft werden, wenn das Verhältnis von Kausalanalyse, Typologie und Historie im Bereich des Lebendigen sorgfältiger als bisher gegeneinander abgewogen wird und überhaupt Wissenschaft mit außerwissenschaftlichen Belangen konfrontiert wird. Dies bedeutet allerdings einen Wandel der Wissenschaft im Sinne einer Öffnung, durch die zu zeigen wäre, in welcher Beziehung Materie und Transzendenz zueinander stehen. Dieses Verhältnis aber scheint für ein richtunggebendes System ethischer Wertung ausschlaggebend. Ein solches System ethischer Wertung benötigen wir in einer Phase allgemeinster Verunsicherung mehr denn je. Der vorliegende Band soll dazu beitragen, auf der Suche nach einer neuen ethischen Verbindlichkeit ohne einschränkenden Dogmatismus ein Stück Weges zurückzulegen.

Die im vorliegenden Buche enthaltenen Beiträge münden alle in der Kardinalfrage nach der Selbstverwirklichung des Menschen. Da diese nie endgültig beantwortet werden kann, so ist sie denen, die Verantwortung um die Zukunft des Menschen tragen möchten, stets neu gestellt, weshalb der Gesprächskreis „Das Symposion" das Generalthema der nächsten Tagungen dem Problem der sinnvollen Persönlichkeitsbildung zu widmen gedenkt.

Die Befreiung vom wissenschaftlichen Glauben

Von Heinrich Zoller

Um die Fahrbahnen zu verbreitern, werden längs ungezählter Straßen Millionen gesunder Bäume geschlagen. Große Teile der ansässigen Bevölkerung wehren sich jeweils gegen den Unsinn derartiger Fällaktionen; denn viele Anwohner möchten nicht ohne Protest auf das lebendige, grüne Bild ihrer vertrauten, altgewohnten Umgebung verzichten. Leider verebben die Wellen des Volkszorns meistens erfolglos, da seine Motive keine wissenschaftliche Beweiskraft besitzen. Höchstens das Argument, Bäume seien nützliche Sauerstoffspender oder willkommene Staubfänger und Schalldämpfer, vermag manchmal ihr stilles Dasein zu retten.

Keines dieser umweltfreundlichen Attribute gehört jedoch primär zum „Wesen der Bäume", wie wir es mit unseren Sinnen wahrnehmen. Unser Auge erkennt die kräftigen aufwärts strebenden Stämme, an denen mit charakteristischen Abständen und Verzweigungswinkeln die sich verjüngenden Äste ansetzen. Das rhythmische Spiel von Ästen, Zweigen und Blättern erzeugt die individuelle, unverwechselbare Gestalt der Krone jedes einzelnen Baumes. Wie sehr gehören doch die Silhouetten von Baumwipfeln zu unsern alltäglichen, emotionalen Harmonie-Erfahrungen, mit denen wir aufwachsen und die wir als Erwachsene gefühlsbetont verteidigen, auch wenn uns ihre psychische Bedeutung kaum bewußt geworden ist.

Dieses kleine Beispiel lehrt uns wie tausend andere, daß emotionale Motive längst keine bewahrende Funktion mehr auszuüben vermögen wie früher und als Beweggrund für ein an sich richtiges Empfinden und Handeln heute nicht mehr anerkannt werden. Unter der wissenschaftsgläubigen Mehrheit, die stolz ist, unkontrollierbare Gefühle überwunden zu haben, leben nur vereinzelte

Mahner, die mit Sorge bemerken, daß auf dem Wege der Verdrängung des Emotionalen alles Schöne so lange verharmlost wird, bis es verschwindet, jede Gestalt so sehr verstümmelt wird, daß sie zerbricht, der Instinkt dermaßen unterdrückt wird, daß er verkümmert, und das Gewissen so häufig überredet wird, bis es zuletzt schweigt.

Die Verharmlosung des Schönen, die Verstümmelung der Gestalt, die Verkümmerung des Instinkts und die Ausschaltung des Gewissens sind vier wesentliche Merkmale, die das Verhalten des modernen, vom Monopol der Wissenschaft und Technik geprägten Menschen neben anderen Zivilisationsschäden charakterisieren. Die bedenklichen Folgen der allgemeinen Verdrängung primärspontaner Fähigkeiten im Menschen beginnen sich im weltweiten Rahmen deutlich abzuzeichnen und können heute kaum mehr bagatellisiert werden:

1. daß das natürliche Stilgefühl zerfallen ist und allerorten ungeordnete Agglomerationen entstehen;
2. daß der angeborene Sinn für ausgeglichene Proportionen verlorengegangen ist und das Individuum körperlich, seelisch und geistig im nivellierten Kontinuum der Massengesellschaft ausgelöscht wird;
3. daß es für den einzelnen immer schwieriger wird, den an sich selbstverständlichen Weg zur persönlichen Selbstverwirklichung zu finden, und die allgemeine, gesellschaftliche Verunsicherung ständig zunimmt;
4. daß es weithin an überzeugender Entscheidungskraft und umfassendem Verantwortungsbewußtsein mangelt.

Trotzdem bleibt die unwiderstehliche Faszination, die von wissenschaftlichen Methoden und Erkenntnissen oder von technischen Neuerungen ausgeht, nach wie vor bestehen. Im Beitrag von Herrn Illies werden genügend Beispiele genannt, die beweisen, wie schnell der „Wahrheitsgehalt" wissenschaftlicher Dogmen wechselt und wie schmählich weit die einzelnen Erkenntnisstufen hinter der „absoluten Wahrheit" zurückbleiben. Ist es nicht erstaunlich, wie sehr die menschliche Gesellschaft trotz der offenkundigen Relativität der wissenschaftlichen Lehre von einer geradezu blinden Gläubigkeit an den wissenschaftlichen Fortschritt beherrscht wird, die alles Künstlerische und Religiöse tyrannisiert und mit einer einseitig beschränkten Methodologie in Frage stellt und Emotionen jeglicher Art soweit als möglich tabuisiert.

Erst nachdem vor wenigen Jahren plötzlich die schweren Schäden bekannt geworden sind, welche die industrielle Zivilisation der Biosphäre zugefügt hat, erheben sich zur Zeit emotionale Wellen von Angst und Mißtrauen gegenüber Technik und Wissenschaft. Im Untergrund eines Establishments, welches das „Gemüt" so vollkommen als möglich verdrängt hat, beginnt sich noch eine andere emotionale Welle zu regen, die Revolution der Seelen als Protest gegenüber der Ausschließlichkeit rationaler Argumentation und gegenüber der Sinnlosigkeit eines rein materiellen Wohlstandes. Unüberhörbar sind die durchdringenden Schreie der Beat-Musik, unübersehbar die langen Strähnen der Hippies, kaum zu unterdrücken der Kurzschluß einer Bewußtseinserweiterung durch den Konsum von Drogen. So erscheint in der gegenwärtigen Situation, wo einerseits ein kalter Intellektualismus die Schlüsselstellungen innehält und andererseits sich die unterdrückten Emotionen in unberechenbarer Erregung Bahn brechen, die Frage wesentlich, ob eine Befreiung vom wissenschaftlichen Glauben überhaupt möglich sei und was sie zur Heilung der ökologischen und gesellschaftlichen Krise beizutragen vermöge.

Wir haben zunächst von der Feststellung auszugehen, daß mit der Befreiung vom wissenschaftlichen Glauben keinesfalls eine Befreiung von der Wissenschaft an sich gemeint ist; denn die Existenzberechtigung eines methodisch sauberen Erkenntnisverfahrens wird dadurch nicht im geringsten berührt. Dagegen muß eine totale Befreiung gefordert werden von jener selbstverständlich gewordenen Verabsolutierung der wissenschaftlichen Methodik und Erkenntnis, von jenem unerhörten „Pars-pro-toto-Anspruch", mit dem alles, was wissenschaftlich nicht bewiesen werden kann, als belanglos abgewertet oder kurzerhand als nicht existent negiert wird. Nur eine kritische Selbstreflexion über Prämissen und Methoden, über Zuständigkeit und Grenzen vermag die verheerenden Folgen einer menschenunwürdigen Wissenschaftsdiktatur zu verhüten.

Die stärksten Impulse erhielt der heute herrschende, wissenschaftliche Dogmatismus zweifellos durch den Erkenntnisweg der sogenannten exakten Naturwissenschaften. Allerdings wird sehr oft vergessen, daß noch die großen Forscher der Renaissance unter Naturwissenschaft, wie Aristoteles, in erster Linie die Wissenschaft von der gesamten vorgegebenen Natur verstanden haben. Ich werde später auf diese umfassende Definition als die einzig richtige zurückkommen. Als aber im 17., 18. und 19. Jahrhundert Experiment, Messung und mathematische Formulierung immer ausschlaggebender wurden, ging diese weite Auffassung von Naturwissenschaft schrittweise verloren. Der Verengungsprozeß und damit die Dogmatisierung sind bis heute noch nicht abgeschlossen, sondern sie haben erst in den letzten Jahrzehnten erneut und gewaltsam die Biologie erfaßt, wo bisher andere Erkenntnisverfahren, wie Beobachtung, Vergleich, phänomenologische Empirie usw., eine wesentliche Rolle gespielt haben.

Bekanntlich gilt in den exakten Naturwissenschaften als Kriterium für die postulierte wissenschaftliche Objektivität die Reproduzierbarkeit der Experimente. Da die auf diesem Wege gefundenen allgemeingültigen Ursache-Wirkung-Gesetze als gesichertes Wissen weltweite Bedeutung erlangt haben, ist es in weitesten Kreisen üblich geworden, die kausalanalytische Methodik und die Erkenntnismöglichkeiten der Physik und Chemie als Naturwissenschaft schlechthin zu bezeichnen. Wenn wir zunächst dieser Gewohnheit folgen, so vor allem deshalb, weil es auf diese Weise am einfachsten gelingt, gewisse Konsequenzen des wissenschaftlichen Dogmatismus klar aufzuzeigen, aber auch deshalb, weil die Errungenschaften der Physik und Chemie unser Milieu und Dasein in so hohem Maße beherrschen, daß wir ohne sie gar nicht mehr zu existieren vermögen. Zudem funktionieren diese Errungenschaften so zuverlässig, daß sich nur relativ wenige Ausnahme-Persönlichkeiten je überlegt haben, wie es denn mit dieser naturwissenschaftlichen Objektivität und Allgemeingültigkeit stehe, besonders bei Naturphänomenen, die nicht mit dem CGS-System und den Begriffen Masse, Energie und Zeit allein beschrieben werden können. Noch viel mehr wären ja solche Überlegungen bei allen künstlerischen und religiösen Manifestationen angebracht, deren Existenz und kulturelle Bedeutung nicht geleugnet werden können, auch wenn sie nicht im geringsten von physikalisch-chemischen Gesetzen abhängen.

Es gibt Menschen, in denen das Bewußtsein darüber erwacht ist, wie wenig die exakten Naturwissenschaften mit den Phänomenen der vorgegebenen Natur und des menschlichen Geistes zu tun haben. Dieses Bewußtsein kann zur Ursache für eine philosophische Reflexion werden, die ich bereits 1970 als außer-naturwissenschaftliche Skepsis bezeichnet habe. Es sei zur Klärung dieses Begriffs ergänzt, daß er selbstverständlich als außer-physikalische oder außer-kausalanalytische Skepsis bezeichnet werden muß, wenn der Begriff Naturwissenschaft im ursprünglichen Sinne als Wissenschaft von der gesamten vorgegebenen Natur aufgefaßt wird, was wir aber zunächst absichtlich nicht tun wollen. Im übrigen wird eine derartige Skepsis überall dort einsetzen, wo erfahren wird, daß die moderne Naturwissenschaft nur noch dazu betrieben wird, die vorgegebene Natur zu unserem vermeintlichen Vorteil besser auszubeuten, zu simulieren oder zu manipulieren, unseren Machtbereich zu erweitern und unsere künstlichen anthropogenen Milieus zu ameliorieren.

Einer außer-naturwissenschaftlichen Skepsis muß zunächst auffallen, daß die Auswahl der Objekte und der Milieus bei sämtlichen physikalisch-chemischen Versuchen nach Gesichtspunkten der experimentellen Eignung rigoros eingeschränkt wird. Es ist also gar nicht zu leugnen, daß jede Erkenntnis der exakten Naturwissenschaft auch von den methodischen und apparativen Möglichkeiten des Experimentators, mit anderen Worten auch vom jeweiligen Subjekt, seinem Geschick und seiner Ausstattung abhängt. Es würde bestimmt keinem Physiker in den Sinn kommen, einem Studenten die Schwerkraft am Beispiel eines Tropfens aus dem Staubbach zu erläutern. Praktisch löst er diese Aufgabe mit einer möglichst simplen Versuchsanordnung, die es erlaubt, beliebig viele Male Stahlkugeln aus bestimmter Höhe auf eine feste Oberfläche fallen zu lassen. Alles andere wäre physikalisch ungeeignet und überdies höchst unrationell. Aber gerade an diesem lapidaren Beispiel wird klar ersichtlich, daß die exakten Naturwissenschaften a priori gezwungen sind, wesentliche Eigenschaften der Objekte und des Milieus zu vernachlässigen, besonders alle phänomenalen und qualitativen Aspekte der vorgegebenen Natur. Es ist deshalb leicht einzusehen, daß in der Physik Begriffe wie Verhalten, Gestalt usw. nur sehr am Rande oder überhaupt nicht vorkommen können.

Bereits Newton hat 1684 in seinem Werk „Die mathematischen Prinzipien der Naturlehre“ noch eine ganz andere Einschränkung gefordert: „Alles nämlich, was nicht aus den Erscheinungen folgt, ist eine Hypothese, und Hypothesen … dürfen nicht in die Experimentalphysik aufgenommen werden … Es genügt, daß die Schwere existiere, daß sie nach den von uns dargelegten Gesetzen wirke und daß sie alle Bewegungen der Himmelskörper und des Meeres zu erklären imstande sei.“[1] In Anbetracht dieser puritanischen Forderung kann außer-naturwissenschaftliche Skepsis nicht umhin, als grundsätzlich die Frage aufzuwerfen, ob denn wirklich mit einer Methode, welche die Objekte und das Milieu von vornherein in so hohem Grade einschränkt, auch alles, was aus den Erscheinungen der vorgegebenen Natur folgt, gefunden werden könne und ob auf diesem einseitigen Erkenntniswege nicht das Wesentliche der Phänomene verborgen bleibe.

Wenn wir wieder zum Vergleich der fallenden Stahlkugeln mit den fallenden Tropfen im Wasserfall zurückkehren, so wäre doch im zweiten Fall, den der Physiker als zu kompliziert verwirft, an ganz andere Möglichkeiten der Erfahrung und Wahrnehmung als an physikalische zu denken, etwa an dichterische Inspiration, wie sie sich im „Gesang der Geister über den Wassern“ ausgedrückt hat. Freilich handelt es sich bei diesem Gesang, den Goethe rund hundert Jahre nach der Entdeckung der Gravitationsgesetze gesungen hat, um alles andere als um eine im physikalischen Sinne objektive, reproduzierbare Erfahrung. Ihre Einzigartigkeit und Subjektivität sind evident. Doch wem dürfte es gelingen, den zeitlosen, überpersönlichen Erlebnis- und Erkenntnisgehalt der Inspiration Goethes zu eliminieren, ist sie doch seit bald zwei Jahrhunderten von zahllosen ergriffenen Menschen lesend und hörend nachvollzogen worden, wenn auch mit individuellen Freiheitsgraden.

Da die zivilisatorischen Erfolge Newtons wissenschaftlicher Askese scheinbar vollumfänglich recht gegeben haben, so wurde versäumt, zu überlegen, wohin es führt, wenn eine abbauende Analyse mit absoluter Konsequenz über längere Zeiträume ausschließlich befolgt wird. Heute gehört es zu den wissenschaftsgeschichtlichen Binsenwahrheiten, daß sich seit dem 18. Jahrhundert das ganze forschende und geistige Interesse des Menschen grundlegend verlagert hat. Während die Pioniere der naturwissenschaftlichen Forschung sich in erster Linie um Theorien bemühten, die das Wesen und den Sinn alles Seins zu erkennen versuchen, geht es später nur noch darum, die mathematischen Formeln abzuleiten, nach denen die erfahrbare Wirklichkeit der Dinge funktioniert und die dazu dienen, das Funktionieren technischer Systeme vorauszuberechnen und zu garantieren. Technische Systeme wie Eisenbahnen, Autos, Flugzeuge, Fernsehen usw. sind heute aus dem Leben der Menschheit nicht mehr wegzudenken. Da sie als Erfindungen imponieren und zudem ausgezeichnet funktionieren, ist es nicht verwunderlich, daß die abendländische Kultur, aus welcher der analytische Erkenntnisweg hervorging, der Versuchung unterlag, die kausalmechanistische Analyse als „naturwissenschaftliches" Dogma zu verabsolutieren. Überall aber, wo dies geschieht, wird der Kosmos zur funktionstüchtigen „Weltmaschine" und der Mensch zum vorprogrammierten Computer degradiert.

Nun hat aber bereits die Physik selber den Glauben an ein allumfassendes mechanistisches Weltbild erschüttert. Jedenfalls wurde in der Quantenmechanik schon vor einiger Zeit festgestellt, daß sämtliche Beobachtungen physikalischer Prozesse unterhalb atomarer Dimensionen irreversible Zustandsänderungen der Untersuchungsobjekte verursachen[2]. Wir können in diesem Zusammenhang nicht näher auf diese entscheidende Tatsache eingehen, sondern nur wiederholen, daß es keinen global gültigen Kausaldeterminismus gibt, wenigstens auf dem Niveau kleinster Größenordnungen nicht. Es ist nicht zu übersehen, daß bei manchen führenden Atomphysikern eine Selbstreflexion über den beschränkten Gültigkeitsbereich kausalanalytischer Aussagen eingesetzt hat. Deshalb ist von physikalischer Seite eher eine Dämpfung des „naturwissenschaftlichen" Despotismus zu erwarten.

Um so gefährlicher ist die Verabsolutierung kausalmechanistischer Methoden und Denkweisen, die sich während der letzten Jahrzehnte bei der Erforschung der lebendigen Organismen abgespielt hat. Es war einer der spektakulärsten Triumphe der analytischen Wissenschaft, als sie beweisen konnte, daß die beobachteten Unterschiede zwischen den Merkmalen zweier nahverwandter Organismen ganz entsprechenden Unterschieden zwischen ihren

Chromosomen zugeordnet werden können. Der Erfolg erreichte seinen Gipfelpunkt, als es mit physikalisch-chemischen Methoden gelang, diese chromosomalen Unterschiede auf Unterschiede in der Anordnung der Nukleinsäurereste entlang dem Zucker-Phosphor-Skelett der DNS-Makromoleküle zurückzuführen. Damit wurde die stofflich-materielle Grundlage der Erbanlagen bekannt, und seither ist der Ausdruck „Genetischer Code“ rasch Allgemeingut geworden.

Es scheint nun die universelle Anwendbarkeit physikalisch-chemischer Methoden im Bereich des Lebendigen endgültig bewiesen, weshalb vorerst in der Biologie jene Euphoristen die Oberhand behalten, die glauben, jede Manifestation des Lebendigen bis zum Gesang einer Nachtigall und dessen künstlerischer Nachgestaltung in Beethovens Pastoralsymphonie sei mit den mechanistischen und kybernetischen Modellvorstellungen einer identistisch-positivistischen Wissenschaft erklärbar. Gerade deshalb wird auch das wissenschaftliche Dogma, die Gene seien das einzige Ordnungsprinzip der Organismen, mit besonderer Hartnäckigkeit aufrechterhalten.

Jedenfalls ist es symptomatisch, daß es bisher noch an ernsten Versuchen fehlt, die abbauende Analyse, die sich als Methode im Abstieg von den Erscheinungsformen zu den Genen so glänzend bewährt hat, nach der Entdeckung der chemischen Natur der Erbanlagen in logischer Weise umzukehren und experimentell zu versuchen, irgendein System höherer Ordnung zu synthetisieren, wobei man allein von der stofflichen Grundlage der Gene auszugehen hätte, und zwar von solchen Genen, die mit einem ungeordneten Milieu in freier Wechselwirkung stehen. Anstatt dessen hat man bis jetzt mit mehr oder weniger geschickten Tricks versucht, die außerordentlichen Hindernisse, die der völligen Lösung des Problems entgegenstehen, zu vertuschen oder zu bemänteln, da jeder Versuch in der genannten Richtung aus Gründen, die noch zu nennen sind, zum Scheitern verurteilt ist. So behilft man sich damit, daß man den Genen die Fähigkeit zu spontanen Akten zuschreibt, nämlich zu diktieren, zu informieren, zu regulieren und zu kontrollieren, und vergißt dabei, daß man, um die koordinativen Wirkungen von Genen zu erklären, gezwungen ist, zum Vergleich ein Systemverhalten heranzuziehen, das nur im menschlichen Gehirn vorkommt. Um jedes Mißverständnis auszuschließen, sei deshalb hinzugefügt, daß Diktieren, Informieren, Regulieren und Kontrollieren weder physikalische noch rein kybernetische Begriffe sind, sondern eindeutig aus dem menschlichen Geistesleben stammen. Es handelt sich bei solchen behelfsmäßigen Ausdrucksweisen der Molekulargenetik um Anthropomorphismen bedenklichster Art, und niemand übt an diesem Jargon Kritik, obwohl doch sonst Anthropomorphismen in der modernen Wissenschaft so verpönt sind.

Genau vor drei Jahren habe ich über den gegenwärtigen Erkenntnisstand und die gegenwärtigen Erkenntnislücken der Genetik ausführlich gesprochen und dabei festgestellt, daß aus den Gen-Karten der besonders gut untersuchten Taufliege (Drosophila) eine Unmenge von differentiellen Einzelattributen, wie Augenfarbe, Haarbesatz, Aderung der Flügel oder Schleifen der Tracheen, abgelesen werden können, jedoch nichts über die unverwechselbare Taufliegengestalt oder über das charakteristische Taufliegenverhalten[3]. Aus der Addition sämtlicher Gen-Differentiale folgt eben kein Organismus, weil jede höhere Organisation mehr beinhaltet als die Summe ihrer Teile. Wer dies leugnet, verfällt einem folgenschweren wissenschaftlichen Dogmatismus.

Auch wenn heute die biologischen Forschungs- und Denkprozesse weitgehend von der Orthodoxie identistisch-positivistischer Reduktionisten beherrscht werden, so darf doch auch nicht verschwiegen werden, daß einige der führenden Molekulargenetiker den üblichen wissenschaftlichen Glauben durchaus überwunden haben. So schreibt einer der Begründer der Molekularbiologie, P. A. Weiß, 1970 zu den hier angeschnittenen Problemen das Folgende: „Erinnern wir uns daran, daß die genetische Methodologie nur Unterschiede zwischen Organismen zu erfassen vermag ... Sie kann nur die differentiellen Eigenschaften von Augen oder Haaren behandeln, nicht aber das Wesen der ‚Augenhaftigkeit‘ oder ‚Haarhaftigkeit‘ an sich. Mit anderen Worten: Wir kennen keine ‚Augengene‘ oder ‚Haargene‘, die als Erklärung für die grundlegende Dynamik der Formung dienen könnten, durch die diese Systeme ihre allgemeine Konfiguration erhalten und behalten, obgleich wir eine Vielzahl von Genen kennen, die mit Unterschieden im speziellen Stil oder mit den Eigenschaften der Baustoffe zu tun haben.“[4] Diese Sätze mögen illustrieren, daß es durchaus Ansätze zur Befreiung vom wissenschaftlichen Glauben auch in der heute besonders gefährdeten Biologie gibt, ohne daß deswegen wissenschaftliche Erkenntniswege, die sich bewährt haben, für die Zukunft verbaut werden müssen.

Überwunden werden kann der wissenschaftliche Glaube nur, wenn generell die Bereitschaft wächst, die Tätigkeit an den speziellen Forschungsfronten mit übergreifenden Gesprächen über die ökologische und soziale Bedeutung der verschiedenen wissenschaftlichen Erfahrungs- und Erkenntnisbereiche zu vertauschen. Wir können dies als Forderung mit dem französischen Philosophen Georges Gusdorf ungefähr so formulieren: Wir dürfen nicht länger fortfahren, uns weiter in der Spezialisation zu verlieren, wir müssen zu einer Synthese gelangen, die nur in einer neuen philosophischen Theorie über das gefunden werden kann, was Wissenschaft in bezug auf den Menschen getan hat[5]. Dies ist eine Forderung, die von der jungen Generation häufig erhoben wird, und auf die Dauer können die amtierenden Wissenschafter der mittleren und älteren Generation die Antwort nicht schuldig bleiben. Eine gründliche Besinnung auf die kulturelle und soziale Relevanz der Wissenschaften, die über die üblichen Phraseologien hinausgeht, die an besonderen akademischen Festveranstaltungen vorgetragen werden, ist wohl der dringendste Auftrag, der in der gegenwärtigen Lage an die Universitäten gerichtet wird.

Die Erfüllung dieses erkenntnistheoretischen Forschungsauftrages bedeutet mindestens vorläufig einen empfindlichen Verzicht auf wissenschaftliche Erfolge an den Forschungsfronten; denn es handelt sich dabei um eine derart umfassende Synthese, daß sie nicht irgendeinem einzelnen Philosophen übertragen werden kann. Zur Lösung der Aufgabe ist eine gut organisierte, mit interdisziplinären Gruppen arbeitende, allgemeine System- und Konnexforschung notwendig, die sicher namhafte Kapazitäten von der Spitzenforschung im gewöhnlichen Sinne abziehen würde. Der ziemlich neuartig strukturierte Forschungsprozeß müßte zuerst mühsam eingeübt werden, doch dürfte er von Anfang an die bisher nicht bestehende Möglichkeit einschließen, im ständigen, interdisziplinären Kontakt methodologische Vorurteile und erkenntnismäßige Totalansprüche sowie die damit auftretenden Minderwertigkeitskomplexe als wesentliche Faktoren der Verabsolutierung schrittweise abzubauen. Damit wäre bereits eine erste Stufe in der Befreiung vom wissenschaftlichen Dogmatismus erreicht.

Als erste tastende Versuche, die in dieser Richtung vorstoßen, wären die folgenden Veranstaltungen zu nennen: Das internationale UNESCO-Colloquium über „Science and Synthesis“[5], das Ciba-Foundation Symposion über „Civilization and Science“[6], das von Arthur Koestler einberufene Symposion „Beyond Reductionism“[4], vielleicht auch die Tage der wissenschaftlichen Begegnung, die seit wenigen Jahren an der Universität Basel durchgeführt werden. So erfreulich diese Vorstöße auch sein mögen, so dürfen sie uns doch nicht über die Tatsache hinwegtäuschen, daß wir trotz teilweise offener Türen noch weit davon entfernt sind, den wissenschaftlichen Absolutismus abzulegen.

Ein nächster Schritt auf dem Wege zur angedeuteten Synthese wäre vor allem in einer gemeinsamen Charakterisierung der Anwendbarkeit und der Gültigkeitsbereiche der verschiedenen Disziplinen zu sehen. Das systemhafte Erkennen von Zuständigkeit, Grenzen und Interdependenzen der verschiedenen Fachbereiche wurde bisher durch die weitgehende Autonomie der Erkenntniskanäle in außerordentlichem Maße erschwert, wenn nicht geradezu verunmöglicht. Ohne ein systemhaftes Erkennen der allgemeinen Zusammenhänge dürfte aber jede Untersuchung über die kulturelle und soziale Relevanz der Wissenschaft von vornherein zum Scheitern verurteilt sein.

Beim Auftrag, die ökologische und gesellschaftliche Bedeutung der verschiedenen wissenschaftlichen Erfahrungs- und Erkenntnisbereiche zu untersuchen, benötigen wir weniger ein Umdenken in den verschiedenen Fachbereichen als eine grundsätzliche Erweiterung der Denkmöglichkeiten und Denkgewohnheiten beim einzelnen Wissenschafter. Diese Erweiterung kann am besten durch die Beteiligung an den für die geforderten erkenntnistheoretischen Arbeiten eingesetzten interdisziplinären Systemforschungsgruppen herangebildet werden. Was für eine erfolgreiche synthetische Systemforschung vor allem fehlt, sind Gruppen von Persönlichkeiten, die, über ihre eigenen fachlichen Methoden und Denkweisen hinaus, fähig sind, andere Erkenntniswege nachzuvollziehen und ihre Bedeutung zu erfassen und in gegenseitigem Gespräch gegeneinander abzuwägen.

Falls solche Gespräche vorurteilslos geführt werden, gelangen sie unweigerlich an jene Grenzen, wo sich die Befreiung vom wissenschaftlichen Glauben vollzieht, an jene Grenzen nämlich, wo die Zuständigkeit der Wissenschaft aufhört und die Erfahrungsbereiche der Kunst und Religion beginnen. Eine philosophische Theorie über das, was Wissenschaft in bezug auf den Menschen getan hat und fortgesetzt tut, kann sicher so lange nicht gefunden werden, als die Wissenschaft sich weigert, ihre unüberschreitbaren Grenzen zu sehen und ihr eigenes Gehege bescheiden einzuzäunen. Eine übergreifende Synthese im Hinblick auf die soziale und ökologische Relevanz der Wissenschaft bleibt selbst dann noch eine völlige Illusion, wenn nicht die Bereitschaft einsetzt, sich auch jenseits des eigenen Gartens umzusehen und sich zu vergewissern, daß dort ganz andere Erfahrungen gemacht werden, wie künstlerische Inspiration oder religiöse Offenbarung, deren Existenz nicht nur historisch oder theologisch zu registrieren ist, sondern mit deren überzeitlichem Wahrheitsgehalt sich die wissenschaftlich faßbare Wirklichkeit zu messen und zu vergleichen hat.

Auf diesem Stadium bedeutet die Befreiung vom wissenschaftlichen Glauben das Ende einer immer weiter fortschreitenden Diskriminierung alles Einmaligen und Einzigartigen. Was damit gemeint ist, vermag uns das oben erwähnte Beispiel von den fallenden Stahlkugeln im Labor und den fallenden Tropfen im Wasserfall zu veranschaulichen. Die Abstraktion, die wir im physikalischen Versuch vornehmen müssen, hat es ermöglicht, die strengen Gesetze zu formulieren, nach denen die Natur und die Technik funktionieren. Daß wir uns täglich mit der größten Sicherheit auf unsere technischen Hilfsmittel und Apparate verlassen können und dies seit geraumer Zeit gedankenlos als Selbstverständlichkeit betrachten, bestimmt zutiefst unser Dasein, all unser Denken und Handeln. Deshalb ist es eine automatisch eingetretene Folge der technischen Zivilisation, daß die moderne Gesellschaft mehr oder weniger unbewußt an die ausschließliche Gültigkeit der im Experiment gefundenen Gesetze glaubt und im Zwang dieser mechanistischen Objektivität den Zugang zu den einzigartigen Vorgängen in der vorgegebenen Natur in bedauerlichem Maße verloren hat. Zwar wirken die Gesetze des freien Falls auch im Geriesel der ungezählten Tropfen des Wasserfalls, doch wäre es ein ebenso lächerliches wie unmögliches Unterfangen, für jeden einzelnen Tropfen vorauszuberechnen, wann und wo er in der Tiefe wiederum auftreffen wird. Überall in der vorgegebenen Natur bewirkt das Zusammenspiel von Stoff und Gesetz einmalige Gestalthaftigkeit. Das Einmalige der Gestalten in der vorgegebenen Natur läßt sich aber nur in sehr begrenztem Grade verallgemeinern und kann im physikalischen Sinne überhaupt nicht abstrahiert werden. Da sich Gestalt offensichtlich mit den Möglichkeiten der Physik allein nicht erfassen läßt, so kann sich auch die Naturwissenschaft nicht auf die Kausalanalyse beschränken, sondern sie wird immer das umfassende Bemühen beinhalten müssen, auch die vorgegebene Natur als solche zu erkennen und neben der abbauenden experimentellen Analyse auch Verfahren anzuwenden, die der Gestalthaftigkeit alles Natürlichen adäquat sind, wie im Bereiche der Organismen die vergleichend morphologische Typologie. Gestalt kann nur im persönlichen Anblick und als subjektives Erlebnis wahrgenommen werden. Manchmal verdichtet sich diese Erfahrung zur künstlerischen Inspiration, und es entsteht der überpersönliche, symbolhafte Vergleich. So beginnt auch Goethes „Gesang der Geister über den Wassern“ mit den Worten: „Des Menschen Seele gleicht dem Wasser...“ und schließt mit demselben Vergleich. Das Ende der Diskrimination des Einzigartigen ist also identisch mit der Rehabilitierung des Subjekts.

Die junge Generation ist von einem umfassenden, zivilisatorischen Unbehagen erfaßt, und von diesem Unbehagen getrieben, verlangt sie nach einer Auskunft über die soziale und kulturelle Relevanz von Wissenschaft und Technik. Eine befriedigende Auskunft ist nur möglich, wenn die Befreiung vom Glauben an Wissenschaft und Technik den Zuständigkeitsbereich des Subjektes so weit herstellt, daß der Mensch als verantwortliches Subjekt wieder vermag, über den Wert und Unwert seines Tuns und Lassens zu befinden. Kein Naturgesetz, kein Gen-Enzym, keine kybernetische Regelung, kein Computerprogramm, kurzum, keine noch so moderne Wissenschaft erspart dem Menschen die subjektive Aufgabe, Werte und Verhaltensnormen zu setzen.

Es wurde bereits eingehend dargelegt, daß sich heute emotionale Argumente nicht mehr durchzusetzen vermögen, auch wenn sie noch so berechtigt sind und das Wesen der Dinge erfassen.

Damit sollte das Mißverständnis vermieden werden, es könne die Menschheit einfach zu den alten instinkthaft-emotionalen Regeln der Wertung zurückkehren, sobald sie vom wissenschaftlichen Glauben befreit sei. Diese Rückkehr ist uns als Ausweg wohl für immer verbaut, weil sich die fortschreitende Intellektualisierung als irreversibler Evolutionsprozeß vollzogen hat und anscheinend sich noch weiter vollziehen wird. Dennoch ist die Befreiung vom wissenschaftlichen Glauben eine wesentliche Voraussetzung, in der Zukunft verbindliche Wertungen zu finden; denn in dem Maße, wie es gelingt, den objektivierenden Absolutismus als alleiniges Prinzip des menschlichen Daseins zu überwinden, wird das Subjektive aufgewertet.

Wie weit das Stilgefühl, die Gestaltungskraft, der Instinkt und das Gewissen dem Individuum als Attribute der Menschlichkeit je wiederum zurückgegeben werden können, läßt sich nicht prophezeien. Daß es täglich geschieht und immer erneut geschehen wird, ist die gläubige Zuversicht derer, die sich noch immer von den uralten Verheißungen des Geistigen angerufen wissen. Eines jedoch ist gewiß, daß jeder Mensch, dem diese Attribute geschenkt sind, als einzelner lernen muß, seine eigene subjektive Wertung in der Gemeinschaft läuternd zu wandeln. Nur durch eine gemeinschaftliche, inter-subjektive Meinungsbildung kann sich eine individuelle Wertung zum integrierten Teil jener allgemeinen überpersönlichen Wertung entfalten, die in Zukunft allein dem Handeln des Menschen in verantwortungsbewußten Kollektiven Sinn und verbindliche Richtung zu geben vermag.

---

[1] Zitiert nach H. Staudinger: Wissenschaft und Fortschritt, Fragen der Freiheit 97, Mainz 1972, S. 10.

[2] Vgl. hierzu W. Heitler: Naturphilosophische Streifzüge, Braunschweig 1970, S. 39/40.

[3] Vgl. hierzu H. Zoller: Was ist biologische Manipulation, und wo liegen ihre Grenzen?, in: Die Bedrohung des Menschen, Schriften der Evang. Akademie in Hessen und Nassau 92, 1971, S. 11ff.

[4] Zitiert nach Paul A. Weiß: Das lebende System: ein Beispiel für den Schichten-Determinismus, in: A. Koestler und J. R. Smythies, Das neue Menschenbild, Wien 1970, S. 43.

[5] Science and Synthesis. An International Colloquium organized by UNESCO ..., Berlin 1971, S. 192.

[6] Civilization and Science in Conflict or Collaboration? A Ciba Foundation Symposium, Amsterdam 1972.

Die Bedeutung des Experiments für die Zukunft des Menschen

Von Joachim Illies

Der Begriff „Experiment" steht heute in Gefahr, zu einem Schlagwort zu entarten, hinter dem sich ganz verschiedenartige Haltungen verbergen. Das Experiment scheint der Inbegriff der modernen, aller Spekulation entsagenden, objektiven Naturwissenschaft zu sein, fast identisch mit dem Wertbegriff „objektiv", und doch bleibt es in seiner eigentlichen Bedeutung als „Erfahrung" zugleich durchaus dem Subjektiven zugeordnet. Was ist nun eigentlich diese „peira" der Griechen, diese „experientia" der Lateiner, diese von römischen Ärzten zum Kunstwort „experimentum" erhobene Erfahrung? Als Grundlage aller modernen Naturwissenschaften bezeichnet man das Experiment heute gerne, aber auf einer wie vielschichtigen, schillernden und mehrdeutigen Grundlage ruht unsere Wissenschaft, wenn sie mit diesem einen Wort eine methodische Basis vortäuscht, die sie doch gar nicht besitzt! Denn: was ist Erfahrung, was Probe, was Versuch? Drei Beispiele am Anfang sollen diese verwirrende Situation kennzeichnen.

1. Wenn wir mit bloßen Füßen über einen steinigen Weg gehen, dann erfahren wir, wie der Boden beschaffen ist, den wir betreten. Es gibt keine weitere Vermutung darüber, keine Theorie, wie hart oder weich er sei, sondern alle bisherigen Vermutungen werden verbindlich ersetzt durch eine allgemeingültige und verbindliche Gewißheit. (Viele anschauliche Beispiele aus dem gleichen Erfahrungsfeld beschreibt H. Kükelhaus in seinem Beitrag, s. S. 109ff.) Ist *diese* Sinneserfahrung von der Realität und Wirklichkeit unserer Umwelt ein *Experiment?* Ist naiver Realismus das Ergebnis unserer experimentellen Welterfahrung?

2. Als die elf verbliebenen Jünger nach Christi Himmelfahrt al-

lein waren, wollten sie einen Nachfolger für Judas wählen, um der Schrift gemäß wieder zwölf zu sein. Sollten sie Josef wählen oder Mattias? Sie warfen das Los (Apg 1,25) und erfuhren so, daß Mattias der auserwählte zwölfte Apostel sei. War *diese* Befragung und diese Probe auf die Objektivierbarkeit göttlichen Willens ein *Experiment?* Ist gläubige Unterwerfung und naiver Idealismus das Ergebnis experimenteller Geisterfahrung?

3. Vor kurzem vermengten Biologen die Acht-Zellen-Keime eines weißen und eines schwarzen Mäuse-Embryos und pflanzten den Mischkeim einer grauen Maus ein. Sie erzielten dadurch, was kaum vorauszusehen war, ein schwarz-weiß gestreiftes Mäuse-Individuum. War *diese* „Frage an die Natur", dieser Versuch eines Eingriffs in natürliche Abläufe, ein *Experiment?* Ist Beherrschung und Manipulation der Naturgesetze das Ergebnis unserer experimentellen Technik?

Wir können die aufgeworfenen Fragen nur beantworten, wenn wir uns zunächst vergegenwärtigen, daß der Mensch ein Bürger *zweier* Welten ist. Er gehört in das Reich des Geistes und kann dort (im Felde des Idealismus) erfahren, wie dieser Geist weht. Er gehört aber auch in das Reich der Materie und kann hier (im Felde des Realismus und Materialismus) erfahren, nach welchen Gesetzen sie sich bewegt und formt. Ohne Erfahrungen – ohne die trügerische ‚peira', vor der schon Hippokrates warnte – bliebe er ausgeschlossen von aller Einsicht in Wirklichkeit und Wahrheit, mit einseitiger Erfahrung aber, die nur ein Gebiet einschließt und damit das andere aussperrt und verleugnet, wird er selbst einseitig und verbogen („recurvatus in se"), begegnet also zuletzt überhaupt nicht mehr einem erfahrbaren Gegenüber, sondern nur noch sich selbst.

Machen wir unsere Erfahrungen nur in der Materie, halten wir uns nur „an die Welt mit klammernden Organen", so büßen wir zuletzt unsere geistige Identität ein und werden selbst ein Teil der formlosen, chaotischen Materie: „Materialismus", als Rückkehr zu den „Müttern", ist immer vom Rückfall in das Chaos der Geistlosigkeit bedroht! Machen wir aber unsere Erfahrungen nur im Geist, verlieren wir uns in den „Gefilden hoher Ahnen", so droht uns die Erstarrung im blutlosen System, das keinen Boden mehr unter den Füßen hat. Erfahrung von Materie *und* Geist, von Mutter *und* Vater, sind nötig, um in der Berührung mit zwei Welten unsere eigene unbeschädigte Einheit zu finden.

Untersuchen wir den Wandel, der sich im Verlauf der Geschichte in der Einstellung zum Experiment vollzog, so werden wir die großen geistesgeschichtlichen Epochen unseres Kulturkreises nacheinander zu durchlaufen haben. Am Anfang steht dann, wie in jedem Kulturkreis, der einer frühen Menschheit allein angemessene *naive Realismus,* der mit absoluter Gewißheit von der Wirklichkeit und Verbindlichkeit der Sinneserfahrungen ausgeht. Diese Zeit unmittelbaren Zugangs zur Welt liegt weit hinter uns, – ihre Methode ist der Gegenwart so weitgehend verlorengegangen, daß es besonderer Anstrengungen einzelner Pioniere bedarf, um in uns die Reste solcher direkten Welterfahrung überhaupt wieder freizusetzen. Die Bemühungen von Hugo Kükelhaus (s. S. 109ff.) sollten in diesem Rahmen gesehen werden: er versucht in seinen Experimenten uns wieder in die archaische Selbstverständlichkeit des naiven Realismus zurückzuführen, weil nur diese gesund vollzogene Erfahrung die solide Basis abgeben kann für alle später darauf zu errichtenden Systeme höherer Erkenntnisformen.

In der Antike, dem klassischen Geburtsraum unserer modernen Denk- und Erfahrungsweisen, wurde diese gesunde Grundhaltung des naiven Realismus überwunden. Skepsis gegenüber der unmittelbaren Wirklichkeit des Augenscheins setzt im klassischen Griechenland als eine hohe Leistung der kritischen Vernunft ein. Plato wie Hippokrates warnen vor der ‚peira' – daß unsere Sinneserfahrung trügerisch bleibt, ist die Aussage von Platos Höhlengleichnis. Die eigentliche, uns nur beschränkt zugängliche Wirklichkeit liegt hinter den Dingen und hinter unseren Erfahrungen mit den Dingen, so lautet die Grundüberzeugung antiker Philosophie, die aus einem unbedingten Vertrauen in das Geistige schöpft und den ‚Ideen' den absoluten Primat an Wirklichkeit zubilligt. Dabei geht sie so weit, daß sie allen materiellen Erfahrungen mißtraut. Naivität der Einseitigkeit schlägt hier von einem in das andere Extrem um, weshalb man diese Haltung einen *naiven Idealismus* nennen könnte. Zwar werden unter diesem Primat des Geistigen große Einsichten gewonnen, aber zugleich ist die Gefahr der Verachtung der Realitäten gegeben. Sie bleibt bis zu den letzten Vertretern dieser Richtung deutlich, so im letzten Jahrhundert in Hegels stolzem Wort: „um so schlimmer für die Naturgesetze!“, mit dem er eine Diskrepanz zwischen geistigem System und realer Wirklichkeit vom Tisch wischte.

Was in dieser Art von Idealismus an experimentellen Erfahrungen Gültigkeit besaß, das waren allein Gedankenexperimente, vor allem also die „Erfahrungen“ der Mathematik. Die Prognose einer Sonnenfinsternis (Pythagoras) als erfahrbarer Beweis für die Richtigkeit der zugrunde liegenden Berechnungen ist in diesem Stadium der Wissenschaftsentwicklung das einzige „Experiment“ im modernen Sinn. Als Beispiele für antike Versuche einer „Befragung der Natur“, genauer: erfahrbarer Bestätigung bereits vorhandener und spekulativ längst „bewiesener“ Vorstellungen, vermitteln die drei folgenden Fälle uns gleichzeitig einen bemerkenswerten Eindruck von der Unvollkommenheit der objektiven Beobachtungsfähigkeit. Da sie so wenig hoch im Kurs stand und da es kaum Instrumente zu ihrer Präzision gab, bestätigten ihre Ergebnisse eher das Mißtrauen in den Augenschein, als daß sie geeignet gewesen wären, es abzubauen.

1. Im Ägypten der Spätzeit (26. Dynastie, ca. 600 v. Chr.) setzt der Pharao Psammetich zur Entscheidung der alten Streitfrage antiker Gelehrter, welche Sprache die älteste sei, zwei Säuglinge mit einer Ziege abseits von allen Menschen in der Wüste aus, um zu beobachten, welche Sprache sie, ohne jede Anleitung, entwickeln würden. Als sie später aufgesucht werden, rufen sie „beckos“, was auf phrygisch „Brot“ bedeutet, und damit fällt die erwartete „experimentelle“ Entscheidung. (Der Bericht klingt mehr nach einem Märchen als nach einem wissenschaftlichen Versuch, aber das ganze Altertum hat an die Echtheit dieser Geschichte geglaubt, und allein das beweist, was man in jenen Zeiten für ein mögliches Experiment hielt.)

2. Zur Klärung der Streitfrage antiker Ärzte, ob Wasser (wie die Speisen) durch den Magen oder über die Lungen (!) in den Körper gelangt, läßt Galen ein Schwein während des Tränkens schlachten. Er glaubt dabei deutlich beobachten zu können, daß aus der durchschnittenen Luftröhre Wasser zurückfließt und entscheidet so für Jahrhunderte (und falsch) die anstehende Frage.

3. Zur Prüfung der von Pythagoras behaupteten Wirkung der „befreundeten" Zahlen 220 und 284 läßt ein arabischer Gelehrter im 11. Jahrhundert von Versuchspersonen Gegenstände verschlucken, auf denen diese Zahlen aufgezeichnet sind. Über das Ergebnis dieses Experiments ist nichts bekannt, doch genügen die Versuchsbedingungen, um sich ein Urteil über die Verläßlichkeit der Experimente zu verschaffen.

Es ist in der Tat kein Wunder, daß bei dieser geringen Qualität der Versuchsbedingungen und bei dieser Oberflächlichkeit der Beobachtungen das Experiment (im Sinne eines naturwissenschaftlich überzeugenden Versuchs) keine Argumentationskraft entwickelt. Über den Versuchsausgang entscheiden bereits die unvollkommenen Anfangsbedingungen, die Beobachtung selbst läßt weitgehend subjektive Beeinflussung zu – von einem logischen Zustimmungszwang, wie ihn die Antike bei ihren geistigen Argumenten gewohnt ist, kann hier im Bereich materieller Beobachtungen keine Rede sein. Die Überlegenheit der Spekulation vor jedem Experiment bleibt gewahrt, und so endet der Versuch der Interpretation der Wirklichkeit in der Erstarrung der Scholastik, deren Kennzeichen es eben ist, daß sie der materiellen Wirklichkeit *nicht* gerecht wird. Der unmittelbare Zugang zum materiellen Sein durch eigene Beobachtung und Erfahrung geht verloren, und es kommt zu dem erstaunlichen Tiefstand der Naturwissenschaften, der das hohe Mittelalter auszeichnet.

Die Überwindung dieses Tiefstandes bringt die *galileische Wende* der Naturwissenschaften, nämlich der in der Renaissance neu erwachende Anspruch des einzelnen auf Gültigkeit seiner Sinneswahrnehmungen auch gegenüber einer geistigen Autorität.

In diesem wiedergefundenen Mut zum Realismus wird die Antike überwunden. Eine neue Einstellung zur Realität, zum Augenschein, zur Aussagekraft des Experiments ist damit gegeben, wenn auch zugleich damit wiederum die Gefahr des erneuten Umschlags ins andere Extrem: des Marsches in den Materialismus. Aber dorthin ist noch ein weiter Weg – zunächst gilt es, die Erstarrung der antiken, spekulativen Systeme zu überwinden und den Anspruch auf die Realität des Faktischen, des experimentell Erfahrbaren, durchzusetzen. Hier liegt auch die eigentliche

Bedeutung Galileis und der Grund für die nach ihm benannte Wende. Nicht die neue Drehweise der Erde – von Kopernikus errechnet und von Galilei bestätigt – schafft diese Wende, sondern die neue Denkweise, nämlich der Anspruch auf durchgängige Deutung und Erklärung der Welt mittels rationaler Naturgesetze, denen alles – zuletzt auch der Geist-Gott – sich zu unterwerfen hat.

Experimente aus jener Wendezeit zeigen zunächst noch die Übermacht des starren Systems des naiven Idealismus, in dem sich der wiedererwachende Realismus schwertut. Deutlich wird diese Situation im Werk von Magirus (Wittenberg, 1609), in dem die Argumente zu der alten Streitfrage der Atmung der Fische zusammengestellt sind. Plato hatte diese Atmung bejaht („denn alle Tiere atmen"), Aristoteles dagegen verneinte sie („denn Fische haben keine Lungen"). An den Argumenten des Herrn Magirus spüren wir, wie gering die Aussage des Experimentes damals noch gegenüber der Kraft und dem Anspruch der Spekulation wog. Zugleich bemerken wir die gleiche Art der emotionalen, intellektuellen und subjektiven „Beweisführung" bei der Verteidigung des für richtig Gehaltenen, die auch heute noch oft genug als intellektuelles Gerangel der Objektivität des Experimentes entgegentritt.

Zunächst wird (beim hier näher zu betrachtenden Beispiel aus dem Buch des Magirus, aber auch heute noch bei jeder Diskussion „um des Kaisers Bart") rein logisch-deduktiv geurteilt, wobei stets unbeachtet bleibt, daß das Faktische seine eigene Logik besitzt, die mit der unserer Beweisführung nicht übereinzustimmen braucht. Das Argument lautet: „Wenn Fische unter Wasser atmen könnten, folgt logisch, daß auch Menschen und andere Tiere unter Wasser atmen könnten. ‚At consequens est falsum, ergo pisces non respirant!'" Ähnlich theoretisch ist der nächste Einwand, der in den Bereich der etymologischen Klärung ausweicht und uns völlig unbefriedigt mit der ungelösten Frage zurückläßt: „Wenn unter ‚respiratio' Kühlung verstanden wird, dann ja! (Die Kühlung erfolgt bei den Fischen durch das Wasser.) Versteht man aber unter ‚respiratio' eine Durchlüftung, dann: nein, denn sie ziehen keine Luft ein und stoßen keine aus."

Was weiterhin als Argument folgt, mag allenfalls als Gedankenexperiment gelten, ist aber wiederum von so geringer Beobachtungsqualität, daß es noch ganz in die Scholastik gehört: „Wenn alle Tiere atmen, müßten auch die Insekten atmen, denn sie sind auch Tiere. Das aber ist falsch, denn wenn man Insekten in zwei Teile schneidet, leben beide Teile weiter, obwohl doch höchstens einer davon atmen könnte. Zumindest der andere Teil jedoch lebt dann offensichtlich ohne Atmung."

Schließlich aber wird ein echtes Experiment angeführt, eine Sinnenerfahrung („ab experientia desumptum"): „Fische in Gefäßen springen, gierig nach Luft, heraus; wenn man es aber dicht abschließt, sterben sie ab. Folglich brauchen sie Luft zum Leben!" Hier endlich treffen wir also auf eine echte naturwissenschaftliche Beobachtung, die lediglich näherer experimenteller Eingrenzung der möglichen Faktoren bedürfte, um – nach unserem gegenwärtigen Verständnis – zur eindeutigen Beantwortung der Frage zu führen. Aber gerade an dieser Stelle wird der gewonnene neue Ansatz schnell und mit alten Mitteln der Disputation abgefertigt, wobei die Autorität (neben Magirus noch Scaliger) ihre alte Rolle als geistiges Gewicht behält: Scaliger meint, sie sprängen nur heraus, weil sie entweichen wollen (ergo: ist das Herausspringen kein Beweis für Atemnot). Magirus fügt hinzu: sie sterben, weil das Wasser im Gefäß schlecht wird wegen der Aussperrung des Lichts und der „Himmelskräfte" (ergo: ihr Sterben ist kein Beweis für Atemnot). Außerdem wird die Beobachtung, die zugrunde liegt, von Scaliger schlicht bezweifelt: er habe eine Barbe einen Tag lang im abgedeckelten Gefäß am Leben gehalten (ergo: brauchen Fische keine Luft zu atmen). Und schließlich (Magirus): unterm Eis der zugefrorenen Teiche leben die Fische auch weiter (ergo: ist eine Abdeckelung gegenüber der Luft kein Anlaß zu ihrem Sterben, womit Atemnot ausfällt).

Wir stehen verwirrt vor der „Logik" dieser Argumente, die an der Wirklichkeit vorbeizielen, und sind zugleich verblüfft über die Ungenauigkeit der Beobachtungen und Versuchsbedingungen: keine Methode wird angegeben, nicht die Fischart noch die näheren Umstände werden genannt. Das ganze „Experiment" erscheint wie eine Karrikatur auf das, was man von einem objektiven naturwissenschaftlichen Versuch erwarten würde. Doch befinden wir uns hier ja noch in der Frühzeit der Galileischen Wende; schon ein Jahrhundert später treffen wir auf wesentlich bessere Experimentalbedingungen und einen selbstbewußteren Anspruch der Experimentatoren. Newton schreibt: „Mein Werk beabsichtigt nicht, die Eigenschaften des Lichts durch Hypothesen zu erklären, sondern sie vielmehr unverhüllt darzustellen, um sie durch Schlußfolgerungen und durch *Experimente* zu beweisen!" (ca. 1720). Es kann von nun an gelten, was François Jacob (1972) im Rückblick auf diese Periode der Wissenschaften feststellte: „An die Stelle der Logik der Systeme tritt die Logik der Tatsachen." Es entsteht der *kritische Realismus*.

An einem weiteren Beispiel soll uns dieser neue Denkstil und diese neue Logik deutlich werden. Zur Erklärung der Naturgeschichte der Zeugung war es von Wichtigkeit, zu entscheiden, welche Rolle und Bedeutung die beiden Geschlechter dabei spielen. Nach jahrhundertelanger Diskussion dieser Frage, an der sich sämtliche philosophischen Systeme und Gelehrtenschulen seit der Antike beteiligt hatten, konnte nun im 18. Jahrhundert endlich das Experiment entscheiden. Doch werden wir sogleich bemerken, wie es in Abhängigkeit von der Geschicklichkeit der Experimentatoren zu neuer Unsicherheit kommt.

1. Réaumur versieht (ca. 1730) Froschmännchen mit „Hosen aus Schwimmblasen" und überläßt sie so dem Begattungsgeschäft. Das Ergebnis seines Experiments: es entstehen trotzdem Kaulquappen aus den Eiern (!), womit die Bedeutungslosigkeit des männlichen Samens experimentell bewiesen ist (die Froschmännchen hatten sich die Abdichtungen im Verlauf des Experiments abgestreift).

2. Spallanzani, der bessere Experimentator, wiederholt das Experiment 1785 mit besserem Erfolg. Die „Hosen" können nicht abgestreift werden, und die Eier ergeben keine Kaulquappen. Ergebnis ist nun also: ohne Zutritt von männlichem Sperma gibt es keine Befruchtung. Spallanzani setzt seine Experimente fort und beweist mittels künstlicher Befruchtung im Reagenzglas (beziehungsweise in vivo beim Hund) endgültig und unwiderlegbar, daß beide Eltern zur Erzeugung von Nachwuchs notwendig sind.

Hier also ist das experimentelle Argument erstmals aller Spekulation überlegen, die „Logik der Tatsachen" erweist ihren Zustimmungszwang. Doch hängt von nun an alle Einsicht in Wirklichkeit von der Exaktheit von Erfahrungen ab und ist somit der

Gefahr von Irrtümern ausgesetzt. Das erweist sich gleich bei Spallanzanis weiteren Experimenten, denn als er ermitteln will, ob die Samenflüssigkeit oder die Samentierchen die Befruchtung besorgen, „beweist" er durch ein Experiment an mittels Hitze abgetöteten Spermien, daß diese selbst zur Befruchtung unnötig sind. Aus einem Experimentalfehler (ungenügende Erhitzung?) folgert sogleich (und falsch), daß der Fötus total mütterlicher Herkunft sei und lediglich zu seiner Entwicklung eines Anstoßes durch die Samenflüssigkeit bedürfe (die Spermien sind nur „Infusorien").

Im ausgehenden 18. Jahrhundert stehen sich naiver Idealismus und kritischer Realismus als Kontrahenten in einem noch unentschiedenen Kampf gegenüber. Im Gegensatz zwischen Newtons Experimentalphysik des Lichts und Goethes Farbenlehre liegt die ganze Spannung der Ablösung einer Geisteshaltung durch die andere, wobei wir Heutigen im Rückblick hinzufügen können, daß dort nicht Alternativen geboten wurden, die sich gegenseitig ausschließen, sondern daß zwei in sich notwendig einseitige Denk- und Experimentierweisen je verschiedene Hälften der Wirklichkeit beleuchteten.

Nun aber haben wir uns der modernen Naturwissenschaft zuzuwenden, deren Bedeutung als „Religionsersatz" ihre zentrale Stellung in unserem Jahrhundert bezeichnet. Die Experimentierkunst hat einen Grad erreicht, der eindeutige, reproduzierbare und nur auf einem logischen Wege interpretierbare („objektive") Antworten ermöglicht, zumindest auf eindeutige Fragen. Nun allerdings gerät die Kunst des Fragens und des Deutens der Antwort in Gefahr, eine neue Systemlogik über die Logik der Tatsachen zu stülpen. Was damit gemeint ist, mögen die folgenden Beispiele für moderne Experimente zeigen.

1. Der Genetiker H. J. Muller (USA, Nobelpreis 1949) erschließt mittels genialer Kreuzungsexperimente die Genkarte von Drosophila, erzwingt also eine objektive Auskunft über die Lage der einzelnen Genörter auf den Chromosomen.

Wie bei Galilei zeigt sich aber auch hier, daß nicht so sehr eine neue Art des Fragens als vielmehr ein neuer Anspruch, eine neue Denkweise sich entfaltet. Wenn H. J. Muller (im Ciba-Kolloquium) zusammen mit J. Huxley zur genetischen Manipulation am

Menschen aufruft, damit der Mensch als „neuer Schöpfer“ den wahrhaften Menschen schaffe, wird aus der Überbewertung der Genetik zum Biologismus zugleich die Überbewertung menschlichen Könnens und Sollens. Ein anderer Forschertyp ist entstanden, nicht mehr der Fragende, der ergriffen Lauschende und geduldig Beobachtende ist es, sondern der Fordernde, der den prometheischen Anspruch auf eigenes Gestalten der Natur erhebt. Das aber ist die Wiederkehr des alten Typs des Alchemisten, der den magischen Anspruch der Zauberei stellt, der nämlich den Zugang zu den Arkana, zu den Geheimnissen und Gesetzen, durch das richtige Rezept und das vollkommene Experiment ertrotzen will.

2. Experimentelle Transplantations-Chirurgie liefert in unseren Tagen vielfach Schlagzeilen. In den UdSSR gelang die Verpflanzung eines Hundekopfes (der 24 Stunden am Gastorganismus lebte), in den USA ließ sich ein isoliertes Affengehirn über Tage lebend an den Blutkreislauf eines anderen Individuums anschließen und erwies sich im EEG-Test als funktionstüchtig.

Diese experimentellen (eigentlich: manipulatorischen) Großtaten unserer hochentwickelten Biotechnik zeigen eine bemerkenswerte Diskrepanz zwischen der einwandfreien Exaktheit der Methodik und der auffallenden Orientierungslosigkeit und diffusen Ungenauigkeit des wissenschaftlichen Ziels, sie sind exakte Antworten auf ungenaue Fragen, oder allenfalls auf die naive Frage: „Was passiert, wenn...?“ Der kritische Realismus der Methode kontrastiert so zu einem naiven Realismus des Systems. Die Welt des objektiv Wirklichen zerfließt in diesem materialistischen Ansatz zur formlosen Masse des bloß noch objektiv *Möglichen.* Experiment ist zuletzt überhaupt nicht mehr ernstgemeinte Frage, sondern nur noch Forderung, Herausforderung, nicht mehr Versuch, sondern Versuchung, nämlich exakt im biblischen Sinne der alten Versuchung, „zu sein wie die Götter“.

Statt weiterer Beispiele für Experimente in unserer Zeit könnten wir daher auch die Gesamtsituation der modernen Zivilisation (mit Overhage) als *Experiment Menschheit* bezeichnen. Wenn diese Bezeichnung als Warnung verstanden wird, dann nicht so sehr wegen der Ergebnisse des Experimentierens als vielmehr wegen der Grundeinstellung, die sich hinter ihnen verbirgt. Denn in einer Welt, der von einem neu erwachten Materialismus der Geist abgesprochen wird, fragt man auch im Experiment nicht mehr nach ihm, sondern nur noch nach den Grenzen der eigenen Möglichkeit. Die Welt wird – bevor das Experimentieren beginnt – interpretiert: aus „Zufall und Notwendigkeit" ist sie (nach Monod) entstanden, und im Felde dieser „neuen Ethik" gilt bereits das Fragen (auch das experimentelle Fragen) nach einem „Projekt", nach einer „ordnenden Absicht" (wie Kant dieses Wirken des Geistes nannte) als falsch und unmoralisch. Die letzte Tat des ordnenden menschlichen Geistes scheint zu sein, daß er sich selbst verleugnet und sich – vor aller Wissenschaft und aller Erfahrung – zu dem Bekenntnis zwingt, daß es ihn nicht gäbe.

Hinter der scheinbaren Demut dieses existentialistischen Sich-Bescheidens mit Zufall und Notwendigkeit wird ein gefährlicher Hochmut sichtbar: der Mensch setzt sich selbst als einzigen Ordnungsfaktor ein. Das Experimentieren verliert seine Harmlosigkeit und wird zu tödlicher Gefahr, weil es zur Selbstbestätigung einer Illusion dient. Denn nach den Gesetzen unserer Logik wird durch unsere Experimente immer nur bewiesen, was zuvor für möglich gehalten wird. Möglich aber erscheint hier die paradoxe Gegenschöpfung, in der der Mensch dem Menschen zuruft: „Lasset uns Götter machen nach unserem Bild!"

Diese Gefahren des neuen, kritischen Realismus sind so offenkundig, daß Zukunft nur noch sein kann, wo er selbst überwunden wird und das Experiment wieder zu einem *geistigen* Erkenntnisvorgang wird, bei dem wir nicht vor allem verändern, sondern vor allem *erfahren* wollen. Die Doppelnatur von Experiment = Erfahrung und Experiment = Versuch macht die Grenzlinie deutlich, deren Innehaltung uns geistig stärken, deren Übertretung aber uns geistig und materiell gefährden muß. Die Gewißheit von der Wirklichkeit des Geistigen in der Welt muß wieder in unser Bewußtsein zurückgebracht werden, um der Gefahr eines einseitigen, wenn auch kritischen Realismus zu entkommen. Die neue Haltung muß die eines *kritischen Idealismus* sein, die sich zwar vor der Logik des Faktischen beugt, aber auch den Geist zu diesen Fakten zählt.

Wenn das Experimentieren *uns* beherrscht, werden wir schließlich der Versuchung erliegen, die Welt zu zerstören und uns mit ihr. Wenn *wir* aber das Experimentieren beherrschen als ein Instrument unserer geistigen Disziplin (unserer Methodik, die Welt zu befragen), dann wird uns auch das Gleichgewicht von Materie und Geist erhalten bleiben, das wir benötigen, um auf höhere Stufen der Erkenntnis und des Seins zu gelangen.

Wir dürfen die Wahrheit nicht durch unsere Experimente in Stücke schlagen, bis sie für uns klein genug ist, sondern wir müssen an uns selbst das Experiment wagen, dieser Wahrheit entgegenzuwachsen, bis wir groß genug für sie sind.

Überleben und Reifung in einer gefährdeten Zukunft

Von Walter Herbst

I. Zur Strategie der Gedankenführung

Nicht nur gefühls- und erlebnisbetonte Kassandrarufe berufener und unberufener Zukunftspessimisten, sondern auch sehr rationale Situations- und Systemanalysen zwingen zur Anerkenntnis der Tatsache, daß sich die Menschheit in einer Vorkatastrophenlage befindet und um ihr biologisches und kulturelles Überleben bangen muß.

Eine Katastrophe, gleichbedeutend mit einem Scheitern des „Experimentes Menschheit" im kosmischen Sinne, erscheint unausweichlich, greifen nicht binnen kürzester Frist in harter Konsequenz durchgeführte Maßnahmen aktiv in den Ablauf des drohenden Verhängnisses ein. Solche Maßnahmen werden zutiefst auch Strukturen der Gesellschaft sowie liebgewordene Gewohnheiten und Wertsetzungen in Frage stellen und deshalb eine Korrektur erschweren. Der Weg in die Katastrophe erscheint so stark eingefahren, daß selbst mit Engelzungen vorgetragene Beschwörungen allein oft nur Leerformeln bleiben, vielleicht punktuelle Erfolge haben, jedoch eine durchgreifende allgemeine Kurskorrektur nicht zu bewirken vermögen. Sie müssen sich notwendig in einer so stark der Ratio verhafteten Welt mit gleichgerichteten, zum logischen Zustimmungszwang führenden Bemühungen der Wissenschaften vereinen, um so nachhaltig über ein breites Spektrum die Situation und das Rettende oder auch das die Daseinsangst Vertiefende aufzuzeigen.

Zur Aktion aufgerufen sind hier vor allem auch die Naturwissenschaften. Eine solche Forderung mag überraschen angesichts der Tatsache, daß gerade die Fortschritte der Naturwissenschaften und ihrer Tochter, der Technik, wenn auch nicht die alleinige unmittelbare Ursache der Krisis sind, jedoch entscheidend dazu beigetragen haben, dafür die Voraussetzungen zu schaffen. Trotz Unbehagen und Skepsis gegenüber einer solchen Forderung sollte nicht übersehen werden, daß in ihrem und ihrer Träger Selbstverständnis gewandelte Naturwissenschaften in einer auch in Zukunft stark naturwissenschaftlich bestimmten Welt entscheidende Beiträge zum Wandel und zum Überleben im Biologischen und im Kulturellen zu leisten haben. Mit dem Ansteuern neuer zukunftswichtiger Probleme nach bewährten Methoden allein ist es dabei freilich nicht getan. Es genügt nicht und würde die Situation letztlich nur verschlimmern, wollten sie dazu lediglich ihre innerhalb des der Ratio zugänglichen geschlossenen Systems gewonnenen Erfahrungen der Wirklichkeit einbringen. Um die Zukunft zu gewinnen, genügt es nicht, allein rationale Erfahrungen zu sammeln, es ist dazu entscheidend auch ethisch nach zukunftsträchtigen Maximen zu handeln. Deshalb ist es für die Naturwissenschaften unabdingbar, daß sie ihre Grenzen und Prämissen klar erkennen, den Menschen letztlich als Glied eines geistgetragenen, dem Nichtrationalen offenen und daher transzendenten Systems sehen, aus dem ihm außernaturwissenschaftlich letztlich die Prinzipien seines Sollens, Wollens und Handelns und damit Sinn, Ziel und Hoffnung erwachsen.

Im Sinne einer solchen Strategie der Gedankenführung sei der folgende Beitrag zur Diskussion gestellt. Grundlegend und kritisch zugleich sind in ihm Gedanken von Teilhard de Chardin verarbeitet. Naturwissenschaftliche Aspekte und Kriterien sind bewußt in den Vordergrund gestellt.

II. Mittranszendenz aus der Evolution

Die Zukunft kann nicht von Hirn- und Seelenakrobaten allein, sondern nur von ganzen Menschen unter Selbstverwirklichung aller ihrer Anlagen gewonnen werden. Es erscheint daher zweckmäßig, die naturwissenschaftlich erfaßbaren Fundamente menschlichen Seins freizulegen und zu interpretieren in der Erwartung, so einen für das Selbstverständnis nützlichen Teilbeitrag zur Beantwortung der Frage nach Standort und Sendung des Menschen in seiner kosmischen Verwurzelung zu erhalten. Wir gehen dazu von einer partiellen Seinsbestimmung des Menschen als Glied der ihn bergenden anorganisch-organischen Evolutionskette aus.

Der Mensch ist ein Teil des Lebendigen und mit diesem eingebettet in die Evolution alles Anorganischen und Organischen auf dieser Erde.

Die Kette dieser Evolution begann, rational erfahrbar, vor mehr als 5 Milliarden Jahren mit dem Eintritt gegebener Ausgangsbedingungen unseres kosmischen Systems in die Zeit. Damals schlossen sich in den Feldern und Gluten des Kosmos explosionsartig Materie und Energie zu Atomkernen oder Nuklei und zu Atomen zusammen.

Diesem auch Nukleogenese genannten Vorgang folgte und folgt noch heute, weil auch auf der erkalteten Erde möglich, die Chemogenese. In ihrem Zeichen wurden Atome zu Molekülen vereinigt, aus chemischen Elementen wurden chemische Verbindungen, die molekular immer kompliziertere und differenziertere Strukturen annahmen. Den chemischen Prozeß, der dabei ablief, vermögen wir heute einigermaßen auf der Grundlage moderner Thermodynamik zu deuten. Auf solche Weise nicht deutbar ist und als Gegebenheit müssen wir nehmen, daß wesensmäßig Evolution bereits in den Molekülen wirksam ist. Im Zuge dieser Evolution im Anorganischen bildeten sich dann vor mehr als 2 Milliarden Jahren auch prävitale Moleküle, die man übrigens unter den reproduzierten Bedingungen der Erde von damals heutigen Tages im Experiment sich ebenfalls bilden lassen kann. Es ist wohl nur eine Frage der Zeit, bis man im Laboratorium den Evolutionsschritt von den prävitalen zu den eigentlichen „vitalen“ Molekülen nachzuvollziehen imstande sein wird. Zu diesen „vitalen“ Molekülen gehören die Nukleinsäuren mit ihren Fähigkeiten, mitgeführte „Information“ autonom weiterzutragen, letztlich über Jahrmillionen und Jahrmilliarden im Zuge der Evolution zu erhalten, innerhalb der einzelnen Individuen weiterzuschreiben und so Anlagen zu Eigenschaften und Phänotypen werden zu lassen. Als geeignete strukturelle Träger genetischer Information sind die Nukleinsäuren also die Voraussetzung für die evolutionäre Entwicklung des Lebens von den einfachsten Organismen bis hin zu den Wesen und

Gestalten immer höherer Differenzierung, letztlich bis hin zum Menschen, das heißt für den Evolutionsprozeß der Biogenese.

Dieser Rückgriff auf die Evolution als einer naturwissenschaftlichen Erfahrungstatsache ist in mehrfacher Hinsicht eine Hilfe im Rahmen unserer Betrachtungen.

Da der Mensch Glied in der Kette anorganisch-organischer Evolution ist, steht er mit der die Anlagen seines Seins tragenden Information in unmittelbarer Verbindung mit den Jahrmilliarden zurückliegenden Ausgangsbedingungen der Welt. Zu diesen Ausgangsbedingungen gehören als Gegebenheiten unter anderem Materie, Energie, Information sowie das Wesen der gesetzmäßigen Zusammenhänge in der Natur und letztlich auch das Wesenhafte der Evolution selbst. Diese Gegebenheiten müssen als solche auch von der Physik anerkannt werden und sind rational nicht weiter hinterfragbar. Sie reichen in ein die Ratio und damit die Wissenschaften der Natur Transzendierendes, ins A-Rationale und in Unendlichkeiten, für die keine Physik mehr zuständig sein kann. Wir können auch rational nicht anders, als sie einem letzten Wesensgrund des Seins zuzuordnen. Wir nennen ihn chiffrenhaft Geist. Andere sprechen von einem Urprinzip, von einem Göttlichen, von Gott oder vom Ewigen. Es wäre zu wenig und im Ansatz verfehlt, Geist in diesem Sinne quasiphysikalisch mit Ursache gleichzusetzen. Denn der strenge, im übrigen auch nur für die Makrophysik gültige Ursache-Wirkungs-Zusammenhang ist letztlich nur eine Erfahrungstatsache der rational erfaßbaren Wirklichkeit und als solche wesenhaft wiederum eine Gegebenheit aus dem A-Rationalen. Vor allem aber wirkt, so gesehen, Geist nicht nur in die Welt, sondern die Welt, einschließlich der Evolution und des Menschen, sind zum Geiste hin offen. Geist ist also mehr als nur Wirkursache.

So wurzelt also der Mensch über die Evolution in den Ausgangsbedingungen und Gegebenheiten der Welt und damit im transzendierenden, geistigen Wesensgrunde des Seins. Aus ihm wird ihm informativ Sinn, Sein und Auftrag. Und da weiterhin im einzelnen, gesteuert durch die genetische Information, als Gegebenheiten wiederum Materie und Energie gesetzmäßig und gestaltbildend wirksam sind, ist er auch in dieser Hinsicht letztlich jederzeit dem Transzendenten verhaftet. Im letzten ist in ihm Geist präsent und am Werk. So ruht der Einzelmensch, einsehbar auch für eine sich selbst reflektierende Physik, horizontal und vertikal eingebettet in ein Transzendentes, Geistiges. Er steht nicht verloren als Zufallsprodukt eines Würfelspieles der Materie am Rande des Daseins in der Zeit. Und selbst wenn er nach seinem Tode wiederum nur mehr Physik und Chemie ist, verbleibt sein materielles Substrat im Schoße jenes Geistes, von dem er während seines Lebens einen Zipfel erspürt, mit dem er, die geistige Substanz über alles Zeitliche mehrend, ewig unverlierbare Zwiesprache gehalten hatte.

Aber noch einen weiteren, zukunftweisenden Doppelaspekt vermittelt uns die Rückbesinnung auf die Evolution. Wiederum logisch einsehbar können wir schließen, daß sich die Evolution im Menschen dadurch, daß sie ihm Bewußtsein gab, ihrer selber bewußt geworden ist. Gleichzeitig aber hat sie ihm mit diesem evolutionären Geschenk auch die Verantwortung für die Weiterführung der Evolution übertragen.

Unter Bewußtsein wollen wir eine im Zuge der Evolution gewordene Dimension des Seins verstehen. Es wurde dank der evolutionär gewordenen Voraussetzungen struktureller Art, nämlich der Entwicklung des Zentralnervensystems nebst Gehirn, im Menschen manifest, wird vom einzelnen gelebt und erlebt, trägt und begleitet seine rationalen und nichtrationalen Auseinandersetzungen mit der Umwelt bei Möglichkeit einer Kontrolle zwischen Reiz und Reaktion. Mit Hilfe seines Bewußtseins erlebt der einzelne sich selbst. Der Mensch erlebt es, Mensch zu sein. Er weiß, daß er weiß, und er vermag zu erröten.

Nur was materiell, energetisch oder strukturell die Aktionen oder Reaktionen des Bewußtseins begleitet, also etwa die physikalischen und chemischen Vorgänge beim Sehen und Hören, ist naturwissenschaftlich exakt erfaßbar, nicht aber das individuelle Erleben, beispielsweise eines Gemäldes, einer Sinfonie oder der Natur. Für eine rationale Erklärung solcher qualitativen Bewußtseinsinhalte ist die Physik nicht zuständig, eben weil sie als individuelles Erleben nicht meßbar und nicht objektivierbar sind.

Im schillernden Spektrum des Bewußtseins ragen vor allem zwei Fähigkeiten des Menschen hervor. Einmal ist es seine Fähigkeit, das rational Erfahrbare nach den Methoden und Prämissen der verschiedenen Wissenschaften zu sammeln und zu verarbeiten.

Zum anderen ist es seine Fähigkeit des ethischen Wollens und Handelns. Beide sind ihm von der Evolution wesenhaft mitgegeben. Beide ermöglichen es ihm, den ihm gegebenen Evolutionsauftrag zu erfüllen, nämlich die Evolution außerhalb der strengen Evolutionszwänge der Natur aus eigener Kraft, freilich aber auch in eigener Verantwortung weiterzuführen.

Selbstverwirklichung und Überleben wird den Einzelgliedern der biologischen Evolution durch ihre Zuordnung zu schützenden und bergenden Ökosystemen gewährleistet. Definitionsgemäß ist Ökologie die Lehre vom Lebensraum und umfaßt die Gesamtbeziehungen und Wechselwirkungen der Organismen untereinander und zur umgebenden Außenwelt. Für den Menschen haben an diesem Beziehungsgefüge drei Komponenten Anteil: eine geologisch-physikalische Komponente (Klima, Temperatur, Feuchtigkeit, Wind, Strahlung, Boden, Wasser usw.), eine biologische Komponente (Pflanzen, Tiere, Landschaft, Nahrung usw.) und eine noologische Komponente, das heißt vor allem jene durch die Aktivitäten des menschlichen Bewußtseins gestaltete künstliche Umwelt. Man kann demgemäß den Menschen als Glied eines geo-bio-noo-ökologischen Systems betrachten als jenes überindividuellen Gefüges, innerhalb dessen auch das Schicksal der biologischen und kulturellen Evolution des Menschen ruht. In normalen und gesunden Ökosystemen herrschen Gleichgewichte der Arten und Gattungen untereinander und mit ihrer Umwelt. Veränderungen über die Adaptationsschwelle der Lebewesen hinaus stören oder vernichten solche Ökosysteme. Ökologische Gleichgewichte setzen annähernde Konstanz der Individuenzahl, eine ihre körperliche und genetische Substanz nicht gefährdende Umwelt sowie ausreichende Reserven, einschließlich Nahrung, voraus.

III. Todsünden gegen die Gesetzmäßigkeiten bergender Ökosysteme

Dank der Ergebnisse und Möglichkeiten seiner Wissenschaften und seiner Technik vermag sich der Mensch zwar manchen Zwängen seines ökologischen Milieus zu entziehen. Als ein biologisches Wesen bleibt er letztlich den entscheidenden Gesetzmäßigkeiten eines Ökosystems unterworfen, die er ungestraft nicht negieren darf. Tatsächlich aber begeht er nahezu alle denkbaren Todsünden gegen die Grundlagen, die sein Ökosystem und damit auch ihn sowie die Zukunft der Menschheit tragen. Einige dieser zumindest grundsätzlich in ihrer Thematik und Problematik allgemeiner bekannten Todsünden seien im folgenden kurz skizziert:

1. Bevölkerungsexplosion

Die in der biologischen Evolution wirksamen Mechanismen zur Erhaltung zahlenmäßiger Gleichgewichte in Zusammenhang mit dem Naturvorgang der Fortpflanzung greifen beim Menschen nicht mehr. Ursache sind vor allem die Erfolge der Medizin, die individuelle Lebenserwartung bei Senkung der Sterberate zu erhöhen. Aus Gründen der Mitmenschlichkeit kann selbstverständlich auf den Einsatz dieser Erfolge nicht verzichtet werden. Von einer Senkung der Fortpflanzungsrate auf weltweiter Basis zur Wiederherstellung der ökologischen Gleichgewichte aber ist die Menschheit noch mehr oder weniger weit entfernt. Sie sieht sich daher einer Bevölkerungsexplosion gefährlichen Ausmaßes gegenüber.

Um Christi Geburt lebten auf der Erde etwa 250 Millionen Menschen. Erst im 17. Jahrhundert wuchs die Weltbevölkerung auf das Doppelte dieser Zahl. Im Jahre 1850 lebten 1 Milliarde, im Jahre 1930 2 Milliarden Menschen auf der Erde. 1975 werden es etwa 4 Milliarden, im Jahre 2005 etwa 8 Milliarden sein.

Um jeweils die Zahl der Menschen auf der Erde um 1 Milliarde zunehmen zu lassen, waren im vergangenen Jahrhundert 100 Jahre notwendig. Heute sind es 15 Jahre, in nächster Zukunft wahrscheinlich nur mehr 5–10 Jahre.

Angesichts dieser zumindest für die kommenden Jahrzehnte kaum mehr entscheidend zu mildernden explosiven exponentiellen Progression der Bevölkerungszahl werden unsere Kinder und Enkel mit allen Konsequenzen mit dem 3- bis 4fachen der heutigen Zahl der Menschen auf der Erde zu leben haben.

2. Welternährung

Etwa 2 Milliarden Menschen auf der Erde leiden Hunger oder sind fehlernährt. Für sie und für nahezu 200000 Menschen, die angesichts der Bevölkerungsprogression täglich mehr ihren Weg zum Tisch antreten, muß die Nahrungsmittelproduktion binnen kürzester Frist um mindestens das 4fache und damit wesentlich rascher als bisher erhöht werden. Steigerungen der Produktion solchen Ausmaßes sind, wie das holländische Beispiel zeigt, lokal möglich. Sie stoßen derzeit jedoch weltweit auf naturgegebene Grenzen landwirtschaftlicher Erzeugung. Zur Ausweitung dieser Grenzen bedarf es unter Umständen wiederum ökologisch nachteiliger Rodungen von Wäldern oder eines Einsatzes von Wasser, einschließlich entsalzten Meerwassers, mit Mehrproduktion der dazu notwendigen Energie. Die Einsicht in die Endlichkeit auch des Nahrungsraumes unseres Ökosystems Erde, zumindest soweit dabei die natürliche Produktion von Nahrungsgütern einschließlich der Ernährung aus den Meeren zur Diskusssion steht, wirft angesichts der Brisanz von Hungersituationen schwere Schatten auf die Zukunft der Menschheit.

3. Verarmung der anorganischen Reserven

Bei den sogenannten Kulturnationen verdoppeln sich Energiebedarf und Energieproduktion jeweils im Verlaufe von etwa 10 Jahren. In diesen Nationen beansprucht jeder einzelne Energien, die insgesamt der Leistung von 350–400 Sklaven des Altertums entsprechen. Die Erschöpfung der konventionellen Energiequellen, wie Öl und Erdgas, später auch Kohle, ist abzusehen. Die Möglichkeit der Energieerzeugung aus anderen nichtnuklearen Quellen ist begrenzt oder technisch noch nicht spruchreif. Die Erzeugung nuklearer Energien zur Deckung des gesteigerten Bedarfs wird, ungeachtet der besonderen Risiken der Kerntechnik, in 50–100 Jahren auf Grenzen wegen der thermischen Belastung der Atmosphäre mit ihren Konsequenzen für das Erdklima stoßen.

Zunehmend mehr werden auch die Trinkwasserreserven zum Zukunftsproblem.

Um den Trend einer Auspowerung anderer anorganischer Reserven zu illustrieren, mag es genügen, darauf hinzuweisen, daß in den USA für jeden Bürger mit dem Bedarf von insgesamt etwa 10–15 Tonnen Kohle, 10 Tonnen Stahl, mehr als 10000 Litern Benzin, mehr als jeweils 100 kg Kupfer und Blei, Aluminium und

Zink gerechnet wird. Für jeden müssen anteilig Straßen, Verkehrsmittel, Autos, Schulen, Krankenhäuser, Siedlungen, Haushaltsgeräte der verschiedensten Art, Erholungseinrichtungen, Bücher, Zeitungen und vieles andere mehr erstellt werden. Pro Person rechnet man insgesamt mit dem Anfall von etwa 200 kg Verpackungsmaterialien pro Jahr und mit mehr als 20 kg Abfall pro Tag.

4. Umweltgefährdung

Einzelheiten über die toxische Situation unserer Umwelt berichtet die Presse nahezu täglich, und es stehen Buchveröffentlichungen in kaum mehr zu übersehender Zahl zur Verfügung. Mehr oder weniger spürt ein jeder, wie sehr er Mitleidender einer Umweltbelastung über Luft, Wasser und Nahrungsmittel, durch Lärm oder die Unwirtlichkeit unserer Siedlungen ist. Akute Todesfälle gesunder und mehr noch gesundheitlich labiler Menschen durch massiv einwirkende Umweltnoxen gehören nicht zu den Seltenheiten. Bedenklicher und ohne daß sofort Leichen am Straßenrande liegen, sind auf lange Sicht die Auswirkungen kanzerogener, mutagener und teratogener Noxen. Noch bedenklicher erscheinen die gesundheitlichen Konsequenzen aus dem Zusammenwirken der Noxen angesichts unserer weithin toxischen Gesamtsituation.

5. Vernichtungswaffen

In eine ökologische Betrachtung miteinzubeziehen ist ein Hinweis auf die Entwicklungen von Massenvernichtungsmitteln, insbesondere von ABC-Waffen, auf der Nachtseite wissenschaftlich-technischer Anstrengungen. Die Verantwortlichen und die Völker wissen, daß ein kriegerischer Einsatz bereits der in den Arsenalen lagernden Waffen solcher Art zu einem „Superkill" der Kulturmenschheit führen könnte. Vor allem die Angst vor einer Menschheitskatastrophe hält die betreffenden Nationen vom Großeinsatz solcher Waffen ab. Aber Angst allein ist kaum ein tragfähiges Fundament zum Aufbau der Zukunft.

6. Belastungen der genetischen Substanz

Nicht nur Erbgesundheitsfanatiker denken nach über die Folgen einer zunehmend stärkeren genetischen Belastung der Menschheit. Solche Belastungen können sich ergeben aus relativ stärkerer Fortpflanzung von Individuen und Gruppen mit Anlagen, die den Gen-Pool der Menschheit beschweren. Ferner durch Gegenauslese, wenn nicht durch Kriege, so doch auch durch Verkehrstod, Kinderlosigkeit, und schließlich durch die humanitär unausweichliche, jedoch als Faktum nicht zu übersehende Gegenauslese dank der Erfolge der Medizin, durch die genetisch Belastete erhalten, Genkranke phänotypisch geheilt werden, ohne daß die zugehörigen Erbanlagen ausgeschieden würden.

Im Mittel kommt jedes Kind mit mehr als 1 Dutzend „schlechter“ Gene auf die Welt. Mehr als 5 % der Kinder weisen im Mittel genetische Belastungen von Belang auf, mögen sie sich häufig medizinisch auch für die unmittelbar Betroffenen überspielen lassen.

Beispielsweise wird etwa jedes 1000. weibliche und etwa jedes 200. männliche Baby mit einer ererbten, früher meist tödlichen Stenose des Magenausganges geboren, jedoch durch entsprechende chirurgische Eingriffe gerettet. Kennzeichnend ist nun, daß die Nachkommen solcher geretteten Wesen etwa 50mal häufiger als die Babys der Normalbevölkerung wiederum das gleiche Leiden aufweisen.

Oder denken wir daran, daß der von einer Anzahl von Genen bestimmte, früher meist tödliche iuvenile Diabetes durch Insulingaben zu überdecken ist, daß man Galaktosämie durch Gaben von Milchzucker in den Griff bekommen kann, daß angeborene Hüftgelenkleiden operativ repariert werden können, daß die Folgen einer Anlage zu der leicht zu Gehirnschäden führenden Phenylketonurie durch phenylalaninarme Diät zu umgehen sind.

Etwa gegebene Sorgen um die bereits vorhandene Belastung des Gen-Pools der Menschheit werden erhöht durch die zusätzliche Sorge unter Umständen dramatisch weiterer Verschlechterung infolge der Auswirkungen mutagener Chemikalien sowie energiereicher Strahlen unserer Umwelt auf die Gensubstanz. Übersehen wir nicht, daß eine Mehrbelastung der Keimzellen des Menschen mit nur wenigen 10 Strahleneinheiten (rem) die Rate der jeweils spontan neu auftretenden Mutationen zu verdoppeln imstande ist. Die Gefahr einer Verschlechterung des genetischen Anlagenbestandes der Menschheit ist dabei wegen der Durchseuchung mit Rezessiven und der vermehrten Möglichkeiten ihres Homozygotwerdens und damit Manifestwerdens im Zuge der Fortpflanzung um so höher, je größer die Zahl der Belasteten ist. Relativ am verhängnisvollsten wäre eine weltweite, und wie die Erfahrungen aus den Kernwaffenversuchen zeigen, leicht mögliche künstliche Anhebung des Strahlenpegels auf der ganzen Erde um einen Betrag entsprechender Größenordnung.

Sicherlich ist innerhalb der nächsten Jahrzehnte kaum mit einem Zusammenbruch der genetischen Substanz der Menschheit zu rechnen. Aber man sollte aus den Betrachtungen zur Zukunft der Menschheit die genetischen Aspekte nicht ausklammern.

IV. Wissenschaften im Kreuzverhör der Gefährdeten

Die Erwartungen der Menschheit aus dem Beitrag, den die Wissenschaften und insbesondere die Naturwissenschaften für Überleben und Zukunft zu leisten vermögen, schwanken zwischen Skepsis und Hoffnung.

Grundsätzlich sind Fähigkeit und Streben des Menschen, das Erfahrbare rational zu erfahren, die Phänomene in ihren gesetzmäßigen, objektivierbaren und reproduzierbaren Abhängigkeiten kennenzulernen, daraus Voraussagen für zukünftige Ereignisse abzuleiten, die Umwelt umzugestalten, um im Kampf ums Dasein besser bestehen zu können, das heißt, Wissenschaften zu betreiben und darauf aufbauend technologisch tätig zu sein, ihm von der Evolution zu ihrer Fortführung auf der kulturellen Ebene aus eigener Kraft mitgegeben. Gegeben ist dem Menschen auch die Freiheit, alles Erfahrbare wissenschaftlich zu erfragen. Dabei sollte er aber niemals vergessen, daß wissenschaftliche Erfahrungen primär nur Angebote sind, aus denen sekundär Technologien und Zivilisationspraktiken mit ambivalenten, positiven oder negativen Qualitäten gemacht werden können. Der Mensch muß hier also wählen und entscheiden. Eine natürliche Selektion der für die Evolution tragbaren Werke des Menschen durch die Umwelt und damit eine automatische Steuerung der Entwicklung findet nicht statt. Er muß sich die Selektionsmaßstäbe selber setzen. Dabei können ihm ohne Zweifel die Wissenschaften eine wertvolle Hilfe sein. Sie lassen ihn beispielsweise erkennen, wohin bei Fortschreibung einer bestimmten Praxis die Wege laufen. Wissenschaften sind also auch in Zukunft notwendig, vielleicht noch mehr Wissenschaften als bisher. Aber ebenso zweifelsfrei steht fest, daß dies in mancher Hinsicht gewandelte Wissenschaften, getragen von gewandelten Wissenschaftlern sein müssen.

Diese Forderung nach Wandel bezieht sich nicht auf die jeweiligen Methoden der einzelnen Wissenschaften. Diese haben angesichts der erzielten Erfolge vor allem in den Naturwissenschaften ihre Richtigkeit und Fruchtbarkeit erwiesen und unterliegen zudem ständiger Selbstkorrektur.

Ungeachtet der Freiheit der Wissenschaften oder gerade wegen der Verantwortungen, die jede Freiheit in sich birgt, sollten sich die Wissenschaften und ihre Träger, einschließlich der sie zusammenfassenden und fördernden Institutionen weit mehr als bisher mit den Problemen und Perspektiven der Zukunft befassen. Das Mißverhältnis der Zahl derer, die sich mit der Vergangenheit befassen, zur Zahl derer, welche die Zukunft wissenschaftlich zu ergründen und in den Griff zu zwingen versuchen, ist, trotz mancher Ansätze zum Besseren, noch immer untragbar.

Eng mit dieser Anmerkung in Verbindung steht das Unbehagen über die relative ethische Sterilität innerhalb des Raumes der Wissenschaften. Die Verantwortung für die Zukunft ist unteilbar und sowohl im Tun wie auch im Unterlassen gegeben. Deshalb ist es unverständlich, wenn sich Wissenschaftler und wissenschaftliche Gesellschaften sowie Institutionen auf den Standpunkt stellen, über ihren wissenschaftlichen Fachbereich hinaus jedes weitergehende Engagement abzulehnen, und zwar auch dort, wo die soziologischen und evolutionären Implikationen ihrer Arbeit deutlich zutage liegen.

Ethisch absolut neutral ist wissenschaftliche Arbeit ohnehin nicht. Denn Faktentreue, Wahrheitsstreben, die den Wissenschaftler eignen müssen, sind durchaus ethische Wertsetzungen. Aber sie sind nur zum Hausgebrauch für den innerwissenschaftlichen Betrieb wirksam und nur Teil des notwendigen ethischen Gesamtverhaltens.

In erster Linie zu fordern aber ist ein Wandel der Wissenschaften in Richtung entschiedener Selbstreflexion ihrer Reichweiten und Grenzen. Nur so lassen sich jene verhängnisvollen Grenzüberschreitungen vermeiden, die wesentliche Ursache eines Szientismus sind, für den auf allen Gebieten des Lebens letztlich das rational Erfahrbare identisch mit der Gesamtwirklichkeit ist. Die Steuerkraft der Ratio aber kann immer nur beratender, nicht aber das Sollen, Wollen und Handeln bestimmender Funktionen sein. Diese Funktionen haben ihre Wurzeln jenseits der Grenzen der Ratio. Sie müssen durch Ausweisung dieser Grenzen entscheidend wieder aktiviert werden.

Wir erwähnten bereits einige Grenzen wissenschaftlicher Erfahrung mit dem Hinweis, daß die Physik als die Basiswissenschaft aller Naturwissenschaften Aussagen lediglich über das in Raum und Zeit objektiv Erfahrbare machen kann und mit Gegebenheiten arbeitet, die rational nicht weiter ableitbar sind, sondern in a-rationale, transzendente Voraussetzungen jenseits der Ausgangsbedingungen des Kosmos reichen, für die keine Physik mehr zuständig ist. Zu diesen Gegebenheiten, mithin auch zur transzendentalen Komponente der physikalischen Objektwelt zählten wir das Wesenhafte von Materie, Energie, Information, Evolution, gesetzmäßigen Zusammenhängen, von Gegebenheiten, die auch das menschliche Leben tragen.

Rational noch überzeugender sind die Grenzen physikalischer Erfahrungsmöglichkeiten aufzuzeigen, wenn man diese innerhalb des der Physik zugänglichen geschlossenen Systems absteckt. Physik beschäftigt sich mit den Gesetzmäßigkeiten der Erscheinungsformen von Materie und Energie. Dabei hat im wesentlichen für sie Bedeutung, was quantitativ in Zahlen angebbar ist. Beschreibungen von Qualitäten, seelischem Erleben, etwa beim Betrachten eines Bildes oder dem Hören einer Sinfonie, gehören nicht zu ihrem Zuständigkeitsbereich. Auf ihrem Felde beschäftigt sich die Physik eines größtmöglichen Reduktionismus. Aus der Vielzahl der Erscheinungen nimmt sie jeweils unter größtmöglicher Abstraktion das Interessierende heraus und untersucht es mit Hilfe des Experimentes als einer Frage an die Natur. Es kommt der Physik primär nicht darauf an, daß ihre Experimente und Modellvorstellungen die Wirklichkeit der Dinge ganz enthüllen. Wenn sich dabei beispielsweise in dem einen Experiment das Licht als Welle, im anderen als Korpuskel offenbart, ist ein solcher Befund für den Physiker nicht weiter aufregend, wenn nur die einzelnen Modellvorstellungen jeweils in sich schlüssig sind. Stets ist die Physik bereit, ihre Vorstellungen den Erfahrungen anzupassen. So ergänzte sie den althergebrachten Begriff der Kausalität als eines strengen Ursache-Wirkungs-Prinzips im mikrophysikalischen Bereich durch das Prinzip einer statistischen Kausalität, nach der bestimmte Vorgänge nur mehr determiniert sind. Und selbst so revolutionäre Feststellungen, daß in der Welt des Mikrokosmos der Beobachter in das Beobachtete miteingehen kann, werden als Erfahrungstatsachen genommen.

Nicht zuletzt sind der physikalischen Erkenntnis Grenzen durch die sogenannten Diskontinuitäten gesetzt, das heißt durch die Tatsache oder Annahme, daß es eine kleinste Energiegröße, eine kleinste Länge und eine kleinste Zeit gibt. Unterhalb dieser Fundamentalgrößen kann physikalische Erfahrung nicht mehr gewonnen werden. Es ist, als sei die Natur mit einem Raster abgedeckt, bei dem die Abdeckungen diesen Fundamentalgrößen entsprechen und das Darunterliegende verbergen.

Der Physiker gleicht, um einen Vergleich von Eddington heranzuziehen, also etwa einem Fischer, der mit einem Netz von 3 cm Maschenweite zum Fischfang auszieht. Er wird nur Fische fangen, die durch dieses Maschenwerk nicht mehr hindurchschlüpfen können. Die kleineren Fische vermag er nicht zu erfassen. Deren objektive Wirklichkeit bleibt ihm völlig verborgen. Auf die Physik übertragen, entspricht die Maschenweite den Fundamentalgrößen. Die Natur verweigert dem Physiker also die Antwort auf seine Fragen gerade dann, wenn es am interessantesten wird und Fragen nach dem Ursprung und Wesen von Materie und Energie, Raum und Zeit auftauchen.

Bereits innerhalb der materiellen Welt als dem Zuständigkeitsbereich der Physik ist die Wirklichkeit mithin ausreichend nicht zu erfassen. Erst recht gilt das für die Welt, die auch das Lebende umfaßt, in der für die Physik uninteressante Phänomene, wie Gestalt, Ganzheit, subjektbezogene Qualitäten des Lebendigen,

Erleben und andere Bewußtseinsinhalte, eine entscheidende Rolle spielen.

Die Naturwissenschaften können physikalisch-chemisch mit ihren Prämissen und Methoden den Menschen nicht anders sehen als eingezwängt in ein geschlossenes System, das in Zeit und Raum ist, in seinen Quantitäten erfahrbar bleibt und in dem Gesetzmäßigkeiten als Gegebenheiten gelten, die auch von einem Creator nicht umgestoßen werden, es sei denn, er wolle sich dem Menschen rational verraten.

Es gehört zu den verhängnisvollsten Selbsttäuschungen der Menschheit, dieses geschlossene System verabsolutieren und in ihm die Gesamtwirklichkeit sehen zu wollen. Tatsächlich steht dieses rational erfaßbare geschlossene System im größeren Raume und in Kommunikation mit einem die Gesamtwirklichkeit umfassenden offenen System. Aus ihm heraus erst hat ein das Rationale transzendierender Wesensgrund des Seins die physikalisch nicht weiter zu hinterfragenden Gegebenheiten geschaffen, mit denen innerhalb des geschlossenen Systems gearbeitet wird. In ihm aber hat auch der Mensch seine Wurzeln und gelangt zur Selbstverwirklichung seiner selbst als Mensch.

Methoden und Gesetze der Physik und Chemie gelten gewiß unabdingbar auch für die Lebewesen, aber sie loten das Lebendige nicht aus. Leben entfaltet sich eben nicht nur als ein der Objektwelt zugewandtes, naturwissenschaftlich erfahrbares „außen", sondern zugleich auch als ein der Subjektwelt verhaftetes, unter anderem letztlich auch für die Wertsetzungen zuständiges „innen". Durch entschiedene Selbstreflexion der Grenzen der Naturwissenschaften gilt es, den weithin verschütteten Weg zu diesem „innen" wieder frei machen zu helfen. Dabei sollten sich alle Wissenschaften, einschließlich der Geisteswissenschaften, mehr als bisher bewußt sein, daß ihre Ergebnisse auch mittelbar in die Zukunft wirken.

V. Ethos und Zukunft als vernachlässigte Dimension

Zusammen mit der Fähigkeit, mit Hilfe der Ratio wissenschaftlich das Erfahrbare zu erfahren, ist dem Menschen mit seiner evolutionären Entwicklung zum Bewußtseinswesen zugleich auch die Fähigkeit ethischen Verhaltens eingegeben.

Wissenschaften und Ethos unterscheiden sich grundlegend. Beide sind weder austauschbar noch voneinander ableitbar, stehen jedoch in enger Kommunikation miteinander.

Wissenschaften sind die Bemühungen um Erfahrung dessen, was im Lichte des forschenden, analysierenden Verstandes unter den für die jeweiligen Wissenschaftsgebiete gültigen Prämissen und Methoden als richtig oder falsch anzusehen ist. Ethik ist die Lehre von gut und böse, recht und unrecht, sittlich und unsittlich, zweckmäßig und unzweckmäßig in einem höheren, außerwissenschaftlichen, auch evolutionären Sinne.

Wissenschaften stellen objektiv Erfahrbares als Tatsachen fest und liefern Angebote für das praktische Handeln. Ethik aber wertet und hebt richtungsuchend die Angebote ins Sollen, Wollen und Vollbringen.

Die Wissenschaften beziehen sich auf Erfahrung aus dem Gegebenen und bereits Vorhandenen. Ethisches aber soll erst verwirklicht werden in einem Schöpfungsakt besonderer Art.

Wissenschaftliche Fakten sind als solche ethisch indifferent; gut und böse ist primär an ihnen nicht zu unterscheiden. Nehmen wir zur Erläuterung das Beispiel eines der allgemeinsten und fundamentalsten physikalischen Gesetze: $E = m c^2$. In diesem Gesetz ist eine aus Experiment und rationalem Denken gewonnene Erfahrungstatsache objektiv und reproduzierbar festgelegt. Im Bewußtsein des dafür aufgeschlossenen Menschen vermittelt ein solcher gesetzmäßiger Zusammenhang von Gegebenheiten ein Erleben eigener Art des Ordnungsgefüges der Natur aufgrund relativ einfacher Gesetze. Das Ethische im Menschen ist erst dann angesprochen, wenn es um die Anwendung jener Formel geht. Wenn also zu entscheiden ist, ob man diese Formel zur Gewinnung nuklearer Energien im friedlichen Sinne als eines Kompromisses zwischen Risiko und Gewinn anzuwenden geneigt ist und im übrigen dabei das Risiko selbst schon ethischen Grundsätzen unterordnet. Oder aber ob man auf der Grundlage dieser Formel Kernwaffen für Vernichtungszwecke herzustellen oder einzusetzen bereit ist.

Ethos ist eine personale Wirklichkeit und dem einzelnen als Unruhe und Aufgabe gegeben. In dieser seiner personalen Struktur wirkt das Ethos sowohl nach innen wie auch nach außen. Nach innen dient es der Selbstdarstellung und der Selbstverwirklichung der eigenen Person; für das Wollen und Handeln weist es dem einzelnen Verantwortung und Weg. Nach außen verlangt das Ethos Offenheit gegenüber allen Dimensionen. Es fordert in diesem Sinne *Mitweltlichkeit* als ein gemäßes Handeln im Angesicht von Geschichte, Natur und Umwelt. Es fordert *Mitmenschlichkeit* und ruft damit den Menschen in das Menschliche, in die Liebe in jeglicher Gestalt, ohne die menschliche Gemeinschaft und menschliches Dasein nicht möglich wären. Und es fordert *Mittranszendenz,* die sich in Besinnung und Treue gegenüber dem hinter allen Gegebenheiten in der Transzendenz ruhenden und von dort rufenden Geist offenbart. Dabei sind Mittler des Rufes alle Situationen, in die sich der Mensch in selbst gewähltem oder ihm auferlegtem Schicksal hineingestellt sieht. Und indem er sich im Bemühen um Antwort als ethisches Wesen selbst hervorbringt, überschreitet er sich auf das Transzendente hin und bringt selbst schöpferisch wiederum Transzendenz hervor. In dieser Wechselwirkung zwischen Transzendenz und Mensch sowie Mensch und Transzendenz oszilliert das Geistige in seiner auch für die Zukunft der Menschheit fruchtbarsten Gestalt.

Es gehört zum Wesen ethischer Prinzipien, daß sie dem Menschen objektiv und verabsolutiert nicht vorgegeben sind, sondern schöpferisch von Mensch und Menschheit als Daueraufgabe ins Aktionsfeld gehoben werden müssen. So gesehen, wird das Ethische im Menschen aus verschiedenen Quellen gespeist:

Eine naturalistische Komponente in seiner Ethik weist auf Anlagen hin, die dem Menschen als Information im Zuge seiner Evolution mitgegeben wurden. Manche Grundsätze in den 10 Geboten des Christentums weisen auf solche biologischen und evolutionären Wurzeln hin.

Im religiösen Bereich, insbesondere im Raume der christlichen Kulturen, leitete der Mensch Ethik und Moral entsprechend den Lehren der Religionsstifter kausal von metaphysischen Voraussetzungen ab. Sie gingen weitgehend in Normen und Gesetze der Völker ein, liefern Kräfte ethischen Wollens und Handelns aber nur mehr geschwächt nach.

Entscheidend entwickelt und umgestaltet wurden und werden ethische Prinzipien im ethnographischen Raume der wissenschaftlichen, technischen, kulturellen und soziologischen Entwicklungen der Menschheit. In diesem Gestaltungs- und Wandlungsprozeß befinden wir uns angesichts der exponentiellen Progression dieser Entwicklungen heute mehr denn je. Dabei ist die Einsicht in die Notwendigkeit einer Wandlung der Ethik selbst schon eine ethische Tat. Bei alledem muß man sich bewußt bleiben, daß es leicht ist, Ethik zu predigen, schwer, Ethik mit zukunfttragenden Zielsetzungen zu begründen, am schwersten aber, Ethik zu verwirklichen.

Im letzten Grunde hat Ethik anthropozentrischen Charakter; Träger ethischen Verhaltens ist der einzelne Mensch. Es leitet ihn, was man wesensmäßig sein Gewissen nennt, etwa entsprechend dem kategorischen Imperativ Kants: „Handle nur nach derjenigen Maxime, durch die du zugleich wollen kannst, daß sie allgemeines Gesetz werde.“ Und allzu einseitig ohne ausreichende Rücksicht auf die heute stärker denn je zutage tretenden Verpflichtungen gegenüber der Außenwelt wurden Ethik und ethische Normen konzipiert.

Eine Kritik der traditionellen Ethik hat beispielsweise darauf hinzuweisen, daß diese in ihrer Mitmenschlichkeit eine ausgesprochene *Nachbarschaftsethik* ist. Mehr als die Folgen des Handelns für den Nächsten brauchte sie kaum jemals zu bedenken; die Menschheit als Ganzes war, wie dies heute der Fall ist, kaum jemals in Gefahr.

Und sie war in ihrer Mitweltlichkeit eine ausgesprochene *Gegenwartsethik*. Die Auswirkungen menschlichen Handelns bezogen sich auf die überschaubaren engeren Bereiche in der Zeit. Rückschläge wurden als Schicksal genommen, hatten jedoch kaum Folgen für die Zukunft der Menschheit. Und wenn schon Zukunftssorgen den Menschen plagten, so waren es Sorgen um Lohn oder Strafe im Jenseits, nicht aber in diesseitiger Zukunft. Den Verlockungen der biblischen Aufforderungen „Seid fruchtbar und mehret euch“, „Macht euch die Erde untertan“ Einhalt zu gebieten, wenn es um Schicksal und Zukunft unserer endlichen Welt geht, ist die traditionelle Ethik ohne entsprechende Wandlungen nicht gewachsen. Ihre Prinzipien reichten bislang ja aus, den Handlungsspielraum des Menschen befriedigend abzudecken.

Heute steht die Ethik in einer kopernikanischen Wende. Einer dritten, die Stellung des Menschen als Mittelpunktwesen relativierenden Wende. Zuerst rückte Kopernikus die Erde als Heimat des Menschen aus dem Mittelpunkt kosmischen Geschehens.

Später zeigte Darwin, daß der Mensch nicht als autonomes Mittelpunktwesen im Kreise des Lebendigen, sondern als Glied einer langen Abstammungsreihe inmitten der übrigen Lebewesen gesehen werden muß.

Heute muß der Mensch erkennen, daß er nicht länger mehr allein und ohne genügende Rücksicht auf die äußeren Situationen Mittelpunkt und souveräne Entscheidungsinstanz für das ethische Handeln sein kann, sondern dabei wesentlich auch durch Situationen und Zwänge mitbestimmt wird, die er selbst herbeiführte und welche zunehmend mehr die gesamte Menschheit und ihre Zukunft bedrohen.

Da die Gefährdungen von Menschheit und Zukunft in allererster Linie aus den Todsünden gegen sein Ökosystem resultieren, ist dessen zukunfttragende Funktionstüchtigkeit eine der wesentlichsten Orientierungsgrößen zukünftiger Ethik. Sie muß den ökologischen Notwendigkeiten gerecht werden, das heißt öko-ethischen Grundsätzen entsprechen.

VI. Rettung und Überleben in einer Nische der biologischen Evolution

Im Interesse begrifflicher Eindeutigkeit sei nochmals darauf verwiesen, daß wir streng zwischen einer im neodarwinistischen Sinne vor allem mit Mutation, Selektion und Isolierung als Mechanismen arbeitenden biologischen Evolution und einer als Reifung der Menschheit zu kennzeichnenden kulturellen Evolution unterscheiden.

Es mag noch immer Optimisten geben, die blind auf einen weiteren autonomen Ablauf dieser biologischen Evolution zählen und hoffen, daß das, was im Zuge dieser Evolution im Verlaufe von Jahrmilliarden geworden ist, sich mit dem Menschen als sogenannter Spitze solcher Evolution automatisch mit biologischem Zwang auch weiterentwickeln müßte. Aber man täusche sich nicht. Auf keiner Stufe der biologischen Evolution war grundsätzlich eine absolute Sicherheit der Fortführung gegeben. Nur wenige Prozent der evolutionären Versuche und Schritte am Stammbaum des Lebens gelangen. Der größere Rest starb früher oder später wieder aus oder endete in Sackgassen oder Nischen der Evolution. Der Mensch ist vom Schicksalhaften in der Evolution trotz der Qualitäten seines Bewußtseins oder gerade wegen der Irrungen dieses Bewußtseins nicht ausgenommen. Im übrigen benötigen wesentliche evolutionäre Fortschritte über Mutation und Selektion viele Jahrtausende, um in neuen Rassen oder Arten manifest zu werden. Die Menschheit hat aber nur mehr Jahrzehnte zur Verfügung, um die Zukunft biologisch zu sichern.

Gewiß ist auch dem Menschen wie allen Lebewesen eine Mutabilität eigen, gesteigert sogar noch durch mutationsauslösende Noxen seiner künstlichen Umwelt, wie mutagene Chemikalien und energiereiche Strahlen. Aber abgesehen davon, daß mehr als 99% solcher Mutationen Minusvarianten und nicht evolutionsgerecht sind, greift natürliche Selektion als nachkommenschaftsbestimmender Evolutionsmechanismus nicht mehr. Denn es eignet ja gerade dem Menschen, daß er sich von den Selektionszwängen der Natur befreite. Sein Humanum hält ihn mit Recht davon ab, gegen Mutationsbelastungen der menschlichen Populationen durch entsprechende Zwangsauslese vorzugehen. Wer auf eine Weiterführung der biologischen Evolution hofft, müßte konsequenterweise zugleich für eine Strategie einer Menschheitszüchtung plädieren.

Wie langsam im übrigen der Prozeß natürlicher biologischer Evolution abläuft, mag aus dem Hinweis erhellen, daß sich seit den Tagen des Cro-Magnon-Menschen der Vorzeit wesentliche genetische Veränderungen kaum vollzogen haben. Und was an Anlagen und kulturellen Leistungspotenzen bei den alten Griechen vor etwa drei Jahrtausenden gegeben war, hat sich seither im Zuge biologischer Evolution entscheidend kaum gesteigert.

An dieser Stelle der Betrachtungen liegt die Frage nahe, ob es binnen kurzem vielleicht möglich sein könnte, durch Gentechnik und Genmanipulation künstlich in den Genbestand der Menschheit einzugreifen und so der biologischen Evolution nachzuhelfen. Die von Lederberg, Muller und anderen durchgespielten, dem Stand des Wissens und Könnens weit vorausgreifenden Modelle bewegen die Öffentlichkeit. Eine nüchterne kritische Stellungnahme erscheint angebracht.

Grundsätzlich ist es nicht als unmöglich zu bezeichnen, auf der Grundlage molekularbiologischer Erfahrungen irgendwann einmal später nachhaltiger in den Gen-Pool der Menschheit eingreifen zu können. Ebenso grundsätzlich aber sei auch betont, daß ein solcher Eingriff ohne eine in dieser Hinsicht dem Menschen versagte Mittranszendenz mit der Gegebenheit der Evolution aus dem geistigen Wesensgrunde der Welt Ausdruck eines biologischen Nihilismus mit allen Folgen für die Zukunft der Menschheit sein würde.

Akute Befürchtungen in dieser Hinsicht sind ohnehin weit verfrüht. Angesichts der äußersten Lückenhaftigkeit unseres Wissens auf humangenetischem Gebiete werden dem Menschen in absehbarer Zeit tiefergreifende und größere Teile der Menschheit erfassende Genmanipulationen kaum möglich sein. Und eine stärkere Durchmischung der gesamten Menschheit mit solchen genetischen Nova würde, wenn überhaupt denkbar, der Jahrtausende bedürfen. Erst seit wenig mehr als zwei Jahrzehnten wissen wir, daß der Mensch somatisch nicht 48, sondern 46 Chromosomen als strukturelle Träger der Erbinformationen besitzt, nämlich 44 (2 x 22) sogenannte Autosomen und ein Geschlechtschromosomenpaar, XY beim Manne, XX bei der Frau. Die Gesamtzahl der Gene des Menschen ist uns noch nicht einmal annähernd bekannt. Wir wissen, von einigen geschlechtsgebundenen Anlagen abgesehen, über die Zuordnung der Gene zu den einzelnen Chromosomen sowie zu den im Zuge phänotypischer Entwicklung manifest werdenden Eigenschaften allzuwenig. Über die Weitergabe der Erbinformationen aus den informationstragenden Molekülen in die Vorgänge der Entwicklung und des Stoffwechsels bestehen nur erst unvollkommene und zudem sehr komplexe Theorien, welche die Schwierigkeiten einer Genmanipulation erahnen lassen. Und wie schwer tut sich trotz weltweiter Anstrengungen die Wissenschaft, adäquate Vorgänge beim Krebsgeschehen zu erfassen.

Gleichwohl soll nicht übersehen werden, daß bestimmte Möglichkeiten einer Nachkommenschaftsmanipulation durchaus bestehen. Wir klammern hier die Berücksichtigung eugenischer

Gesichtspunkte durch Eigenurteil oder eine die Würde und Freiheit des Individuums nicht antastende Beratung bei der Partnerwahl aus den Betrachtungen aus.

Bekannt und methodisch durchführbar wären darüber hinaus künstliche Inseminationen der Frau mit dem Samen genetisch ausgesuchter Männer, so daß Frau und Spender die leiblichen Eltern sind, der Ehemann, falls vorhanden, seinen Beitrag zur Erziehung leistet. Aber, so ist zu bedenken, wer gibt hier das Selektionsziel an, kennt das Gengefüge des Spenders genau genug und überdenkt die Folgen für Familie und Kind?

Durchaus möglich erscheint eine Verschiebung der Geschlechtsrelationen. Das kann einmal dadurch geschehen, daß durch bestimmte Chemikalien beim Befruchtungsakt selektiv nach Wunsch entweder die männlichkeits- oder die weiblichkeitsbestimmenden Samenzellen an der Befruchtung gehindert werden. Zum anderen sollte zur Zeit der Diskussionen um die Freigabe des Schwangerschaftsabbruches auch nicht übersehen werden, daß man früh das Geschlecht eines Fötus bestimmen kann und, je nachdem ob Bube oder Mädel gewünscht wird, den Fötus des nicht erwünschten Geschlechts entfernt.

In nicht allzu ferner Zeit könnte es unter anderem auch möglich werden, die Ergebnisse von bestimmten Tierversuchen auf den Menschen zu übertragen. Beispielsweise gelang es, aus unbefruchteten Eizellen des Frosches den haploiden Kern zu entfernen, durch eine diploide Zelle aus einem Froschembryo zu ersetzen und daraus einen Frosch entstehen zu lassen, der genau die gleichen genetischen Anlagen wie der Kernspender hatte. Auf den Menschen übertragen, hieße dies: Man nehme eine unbefruchtete Eizelle aus einer Frau, entkerne die Zelle, transplantiere den diploiden Kern eines männlichen oder weiblichen Spenders in diese Zelle, implantiere die nunmehr entwicklungsfähige Zelle in den Uterus der gleichen oder einer anderen Frau, unter Umständen gebe man sie auch in einen künstlichen Uterus, und lasse entwikkeln. Das Ergebnis ist genetisch mit dem Kernspender identisch. Der Vervielfachung eines Menschen stünde also prinzipiell nichts im Wege.

Ehe solche Zukunftsmöglichkeiten von übermorgen verwirklicht werden, wird man die größeren Anstrengungen jedoch auf

Versuche verlegen, genetisch kranke Individuen genetisch zu heilen.

Wie man die Aspekte der biologischen Evolution des Menschen auch durchdenkt, es dürfte der Menschheit in dieser Hinsicht keine andere Wahl bleiben, als sich in eine Nische dieser Evolution zu retten und dort unter Wahrung der somatischen und genetischen Substanz und Gesundheit biologisch zu überleben zu versuchen, gleichzeitig aber nach besten Kräften unter Reifung im Menschlichen die kulturelle Evolution voranzutreiben.

VII. Reifung im Rahmen der kulturellen Evolution

Reifung im Rahmen der kulturellen Evolution bei Bewahrung der genetischen und somatischen Substanz dürfte das Grundkonzept einer Strategie des Überlebens der Menschheit im Menschlichen kennzeichnen.

Überleben und Reifung in diesem Sinne setzen eine Sinndeutung des Daseins, ein vom Prinzip Hoffnung getragenes Wollen, ein Handeln im Geiste evolutionärer Verantwortung auf der Grundlage einer Selbstverwirklichung des einzelnen im Menschlichen voraus.

Eine solche Haltung erscheint nicht denkbar ohne die Gewißheit einer Geborgenheit im geistigen Wesensgrunde des Seins. Der Mensch der Zukunft bedarf daher einer Religio neuer Art, für die Inhalte und Ausdrucksformen noch zu finden sind. Dabei kann Evolution, weil selbst Ausdruck des Geistigen, niemals Religionsersatz sein.

Reifung ist dabei als eine creatio continua, als ein beständiges Suchen und Sichbemühen zu verstehen, ohne daß der Mensch mit seinen Unzulänglichkeiten jemals einen paradiesischen Endzustand erreichen könnte.

So ist denn auch das Ziel, dem die Menschheit entgegenzureifen sich zu bemühen hat, eindeutig nicht festgelegt, und der Weg dorthin wird niemals ein gerader Weg sein. Die Menschheit wird ihm, getragen von ihren Utopien, entgegenpendeln. Nicht zuletzt wird die Wissenschaft dazu verhelfen, aus solchen Utopien reale Utopien zu machen.

Zu den irrealen Utopien dürfte dabei die Hoffnung gehören, die Zukunft könne ohne einen tiefgreifenden Wandel der gegenwärtigen Leistungs- und Wohlstandsgesellschaft und ihrer einzelnen Mitglieder gewonnen werden.

Freiheit wird freilich auch weiterhin die Sehnsucht des Menschen bleiben. Aber es wird eine Freiheit nicht des absoluten „wovon", sondern des „wozu" sein, nämlich des überzeugten und deshalb willigen Einsatzes für das irdische Ziel der Menschheit.

Zunehmend mehr entwickelt sich die Menschheit mit einem Trend zur Konvergenz. Die zukünftige Welt wird daher zunehmend mehr der Gleichachtung, Toleranz und Liebe und nicht zuletzt des Friedens bedürfen.

Alles Bemühen um Reifung, alle Höhenflüge der Sehnsüchte und Hoffnungen und alle rationalen und ethischen Anstrengungen um die Weiterführung der kulturellen Evolution aber wären vergeblich, würden nicht die Bedingungen für das Überleben gewährleistet sein. Diese Bedingungen sind festgelegt in den Gesetzmäßigkeiten der den Menschen tragenden Ökosysteme. Sein praktisches Handeln muß daher zugleich auch einem öko-ethischen Imperativ entsprechen, der Ausdruck finden sollte in einem öko-ethischen Credo des einzelnen als dem letztlich personal Verantwortlichen für Überleben, Reifung und Zukunft.

VIII. Öko-ethisches Credo

Ich erkenne und anerkenne, daß ich als ein vergängliches Glied in die Evolution alles Seienden in der Zeit eingefügt bin und mit ihr in den Anfangsbedingungen der Welt wurzele.

Damit weiß ich mich mit meinem Handeln dieser Evolution verpflichtet als das von ihr mit Bewußtsein begabte Wesen, das für ihre Weiterführung verantwortlich ist.

Ich weiß, daß eine der Bewußtseinsgaben meine rationalen Fähigkeiten sind. Sie lassen mich das rational Erfahrbare wissenschaftlich erfahren; ihre Manifestationen erfüllen mich mit immer neuer Bewunderung für die gesetzmäßigen Ordnungen innerhalb des geschlossenen Systems kosmischer Gegebenheiten.

Ich weiß aber auch, daß das rational Erfahrbare nur ein begrenzter Ausschnitt aus der Gesamtwirklichkeit ist und auf Gegebenheiten aus dem rational nicht mehr Erfahrbaren aufbaut. Daher fühle ich mich als Glied eines offenen, die Ratio transzendierenden Systems mit logischem Zustimmungszwang einer Ideologie verpflichtet, die den Geist als Wesensgrund aller Wirklichkeit anerkennt.

Ich weiß und anerkenne, daß mein Einsatz zur Sicherung und Fortführung der Evolution auf der Stufe der Kultur und des Menschseins der Kooperation mit den a-rationalen Qualitäten meines Bewußtseins bedarf. Alle meine Aktivitäten müssen daher an sittlichen Werten der Mitweltlichkeit, der Mitmenschlichkeit und der Mittranszendenz als der Richtschnur meines Handelns orientiert sein.

In diesem Sinne sittlich sei für mich, nur das zu tun, was biologisch und menschlich vor der Zukunft der Menschheit bestehen kann, die ich unter Einbeziehung des Menschen und seiner Werke einem umfassenden Ökosystem in Wechselwirkung mit den Bezügen zu anderen Wesen und zur Umwelt zugeordnet weiß. Mein sittliches Streben muß daher öko-ethischen Grundsätzen genügen.

Im Sinne der Verbindlichkeiten eines solchen, dem Heute wie dem Morgen, dem einzelnen wie der Gesamtheit, der Ratio wie der A-Ratio verantwortlichen öko-ethischen Imperativs trete ich ein für die freie Entfaltung und Selbstdarstellung des Menschen und der menschlichen Gesellschaft, für eine Freiheit, die ihre Grenzen an der Verantwortung für Leben und Zukunft hat. Zu dieser Verantwortung gehört, das Erforschbare zu erforschen, das technisch Machbare so zu machen, daß die Zukunft der Menschheit sowie die mit einer verantworteten Evolution zu vereinbarenden Lebensqualitäten nicht beeinträchtigt, Reserven weise bewirtschaftet, unabdingbare Harmonien und Gleichgewichte mit der Umwelt erhalten werden.

Ich werde mich bemühen, diese meine Grundhaltung zur Norm für die Menschheit werden zu lassen in der Überzeugung, so meinen Beitrag zum Gelingen des großen Experimentes der Evolution und des Geistes, das da Menschheit heißt, nach besten Kräften geleistet zu haben.

Transzendenz und Ratio

Von Wladimir Lindenberg

Zunächst ist es wichtig, den Begriff des Wortes Transzendenz zu klären. Geläufig ist uns das Wort „Ascendere – Hinaufsteigen“, und „Descendere – Hinabsteigen“. Transcendere heißt Übersteigen. Aszendenz bedeutet zugleich die Vorfahrenschaft, und Deszendenz die Nachkommenschaft. Transzendenz bezieht sich aber auf uns selbst, daß wir uns auf dem Weg befinden vom Sichtbaren in uns und um uns zum Unsichtbaren, vom Hellen in das Mysterium des Dunklen, von dem Außen nach dem Innen. Auf dem Sichtbaren und Faßbaren steht die Welt, aus dem Transzendentalen lebt sie wirklich und bezieht daher ihr wahres Sein und ihre Unauslöslichkeit. Alle Kreaturen in dem Kosmos leben und sind aus dem Urgrund der Transzendenz.

Die Ratio, die Vernunft, ist vielmehr ein Spezifikum des Menschen, mehr noch, des zivilisierten Menschen, des Homo faber und des Homo sapiens. Während die Transzendenz auch dem primitiven Menschen immanent blieb, ist die Ratio, die Vernunft, immer weiter gewachsen und hat sich ausgebildet. Sie ist an die Funktion unseres Gehirns gebunden, und da das Gehirn in seiner grauen Rindensubstanz und in seinen ungeheuer komplizierten Nervenbahnen und Verbindungen noch ungeahnte Möglichkeiten enthält, sind den Grenzen des Denkvermögens, der Kritik, dem Gedächtnis, den schöpferischen Assoziationen noch lange keine Grenzen gesetzt. Schließlich sind die rasanten Fortschritte der Technik mit all ihren Segnungen und Verdammnissen Zeugen der Möglichkeiten des menschlichen Denkvermögens. Alles, was heute Wunderbares geschieht, das alle Märchenwünsche der Menschheit bereits überholt hat, entspringt der genialen Schöpferkraft, der Kombinations- und Assoziationsgabe des menschlichen Gehirns. Wir fliegen zum Mond und zu den Sternen, wir erforschen das Innere der

Erde und die Geheimnisse des Seins, wir verpflanzen lebende Herzen und andere Organe, und wir bauen Supergehirne, Computer, die in manchen Fähigkeiten das menschliche Gehirn potenzieren und seine Tätigkeit beschleunigen, wenn man bedenkt, daß der Computer in Minutenschnelle komplizierteste integrale Rechnungen zu vollziehen vermag, für deren Lösung der Mensch Monate brauchen würde. Der Mensch hat sich selbst darin übertroffen. Aber er hat damit in gewisser Weise den Golem des Prager Rabbi Löw auf moderne Weise erschaffen und ist im Begriff, der Sklave seiner Erzeugnisse zu werden. Wie dumm andrerseits der Computer sein kann, charakterisiert ein schwarzer Witz.

Man gab ihm einen Satz der Bibel zum Übersetzen: „Der Geist ist willig, aber das Fleisch ist schwach." Nach wenigen Sekunden kam die Lösung, und sie hieß: „Der Alkohol war ausgezeichnet, aber das Steak war schlecht."

Unsere zivilisierte Gesellschaft lebt seit einigen Jahrhunderten in einer Überbewertung der Ratio, das schafft eine verhängnisvolle Hybris. Wenn ein Teil von einem Ganzen über das Ganze die Oberhand gewinnt, dann gibt es eine Diktatur, und das Ganze verkümmert. Das erleben wir in den Kulturen, in den Familien, in den Organismen. Wo ein Apparat sich zuungunsten der anderen aufbläht und die Führung usurpiert, kommt es zu einer Depression der anderen und schließlich zu Verkümmerung.

Wenn es auch so aussieht, als ob heute die Ratio über die Menschheit herrschte, so geht es auf der anderen Seite nicht ohne die Herrschaft des Transzendentalen ab. Nur, es ist weniger evident, es wird, wie früher ein uneheliches Kind oder eine „unanständige" Krankheit, verschwiegen, weil man, würde man sie erwähnen, sich vielleicht der Lächerlichkeit aussetzen würde.

In Wirklichkeit durchwebt und durchströmt das Transzendentale unser ganzes Sein, das Sein des gesamten Kosmos. Es ist das Pneuma, der Geist, der in allem seine Wohnung hat und ohne den es nichts gibt. Alles das im Leben, was uns freuen oder traurig sein läßt, unser Lieben und Verwundern, unsere Ehrfurcht, unsere Begeisterung, unsere schöpferischen Kräfte, sie sind alle Wesenheiten der Transzendenz. Sie kommen aus dem Herzen und gehen zum Gehirn, und sie erfassen unsere ganze Person mit den zahlreichen Wirkungen auf Gefäße, Nerven, Drüsen und auf die seelisch geistige Gestimmtheit. Wenn wir vor einem großartigen Sonnenaufgang oder Untergang ein „Ah“ ausrufen, einen vom Blatt herabhängenden Tropfen, in dem sich die Welt spiegelt, die gelassene Eleganz eines Tieres oder die Anmut eines Kindes oder eines Liebespaares bewundern, wenn wir erschauernd vor dem ehrfurchtgebietenden Antlitz eines Toten stehen, dann sind das transzendentale Erlebnisse. Mit welcher Ergriffenheit betrachten wir den Glanz eines Kristalls, eines Edelsteins, der aus dem Bauch der Erde ans Tageslicht gebracht wird. Es ist in uns dann heute noch die erschauernde Freude des Primitiven, der in allem Glänzenden und Leuchtenden das Antlitz Gottes sah. Wir nennen es nicht mehr Gott, aber wenn wir ehrlich sind, dann wissen wir, daß es das Numinose ist, das diese Ergriffenheit verursacht. In unserer rationalen Überheblichkeit sind ungezählte unter uns bereit, die Existenz dieser ordnenden und schöpferischen Kraft zu negieren. Politische Systeme und Philosopheme haben die Gottlosigkeit zum Programm und Postulat erhoben. Mit ihrer Ratio konstruieren sie ein Scheinsystem und ein Scheindasein, mit dem sie nie fertig werden können, weil das Transzendentale und das Irrationale aus allen Ecken und Enden hindurchquillt und sie bedrängt.

Zwei Beispiele, die sich mir aufdrängen. Die Gesichter von politischen Demonstranten, die wir täglich in den Tagesschauen der Television sehen. Wutentbrannte, fanatische Menschen mit verschlossenen, entschlossenen Gesichtern, kämpfend, um sich schlagend, gewalttätig, oder hysterische Begeisterung bei politischen Versammlungen, erhitzte Gemüter, erhobene Arme wie bei Hitler und zu Fäusten geballte Hände wie bei Kommunisten, Zeichen einer ewigen Drohung und des Bedrohtseins. Das Programm der konsequenten Beglückung der Menschheit ist mit rationalen Gedanken konzipiert. Die Emanationen und Aggressionen und Hoffnungen und Fanatismen, die es auslöst, sind total irrational. Ein anderes Bild: wenn man sich abends, nach dem Angelus, die Menschen ansieht, die aus der Kirche hinausgehen, gesammelt, in sich gekehrt, still entspannt und leuchtend. Hier geschieht die Begegnung mit dem Transzendentalen, und der Mensch wird davon durchdrungen.

Mir ist neulich auf einem nächtlichen Flug nach Berlin das Wesen des Transzendentalen an einem Erlebnis klargeworden.

Wir flogen durch einen Sturm und wurden geschüttelt und gerüttelt. Dann wurde es ruhig, und plötzlich sah ich den umgestülpten Himmel unter mir. Bei näherem Zuschauen gewahrte ich, daß wir über Berlin flogen. Millionen von Lichtern strahlten und flimmerten genau wie die Lichter des Himmels, nur viel dichter. Der Anblick benahm einem den Atem. Es war ein nicht zu definierendes Erlebnis von Begeisterung, von Staunen, Ergriffensein, und es war absolut unirdisch. „So könnte eine Erleuchtung über einen kommen", dachte ich. Dann ging das Flugzeug hinunter, es war „deszendent", und dann sah man, daß die Lichter von den Straßenlaternen und den innen erleuchteten Häusern kamen, sie flimmerten nicht mehr, sie waren immer noch schön, aber das Wunder der Transzendenz wich einer mehr rationalen Betrachtung.

Da fiel mir der schöne Vers des Cherubinischen Wandersmannes des Angelus Silesius ein:

> Freund, so du etwas bist, so bleib doch ja nicht stehen:
> man muß aus einem Licht fort in das andre gehen.

In der vorrationalen Zeit war Gott ganz selbstverständlich der Mittelpunkt der Welt, in allen Gegenden der Erde. Ja in der Zeit der Primitiven war er schlechthin alles, er manifestierte sich in jedem Ding und jedem Wesen, und die Menschen sahen ihn in einem Baum und Stein und Tier und in der Wolke und der Sonne, und das schaffte im Menschen eine ungemeine Nähe und zugleich Distanz und Ehrfurcht zu allem Kreatürlichen und Sachlichen, weil eben alles Gott war. Auch noch im Christentum, bis zum Einbruch des Rationalismus, war alles, was der Mensch schuf und wem er begegnete, von Gott durchströmt. Die Häuser und die Ställe, die Gebrauchsgegenstände des täglichen Lebens trugen Zeichen und Symbole, die alle, auch die Analphabeten, lesen und deuten konnten.

Nun sind Ratio und Transzendenz beileibe keine Gegensätze, sie sind nicht einmal Pole. Sie sind die wesentlichsten Faktoren unseres Seins. Polar werden sie erst, wenn einer von beiden nach der äußersten Linken oder Rechten auspendelt, einer Eigenschaft, die der Menschheit eigen ist. In beiden Fällen entsteht eine Dämonie. Als die Transzendenz zuungunsten der Ratio in der Kultur des christlichen Mittelalters dominant war, artete sie in eine furchtbare Dämonie aus. Die Kirche in ihrem Machtstreben pervertierte den Glauben in eine Dämonenangst. Jahrhunderte gab es eine perfide Gesinnungsschnüffelei, und allenthalben brannten Scheiterhaufen, die die unglücklichen Hexen und Ketzer vernichteten. Mit Mitteln der Ratio jener Zeit wurden Dogmen und Apologien verfertigt, die auf der Grundlage von falsch interpretierten Bibelworten, wie: „Der Mensch mache sich die Erde untertan" oder: „Seid untertan der Obrigkeit", aufgebaut wurden. Sklaverei und Leibeigenschaft, eine bunte Palette von bestialischen Todesstrafen, absolutistische Regierungsform und ein ebensolcher absolutistischer Machtanspruch der Kirche waren die Ursachen und die Folgen.

Es ist darum kein Wunder, daß der gebildete Papst Innozenz VII. am 5. Dezember 1484 eine Bulle unter dem Titel „Summis desiderantes" herausgibt, in der es heißt: „Gewiß nicht ohne ungeheure Betrübnis haben Wir vernommen, daß viele Personen beiderlei Geschlechts, ihres eigenen Heils uneingedenk und vom katholischen Glauben abfallend, mit Hilfe von Buhlteufeln und Buhlteufelinnen Böses treiben. Durch Bezauberungen, Sprüche und Beschwörungen und andere verruchte, abergläubische Handlungen, Vergehen und Verbrechen verursachen sie, daß verderben, ersticken und zugrunde gehen die Neugeborenen der Weiber, die Jungen der Tiere, die Früchte der Erde, der Reben und der Bäume, die Männer, die Frauen, großes und kleines Vieh, die Weinberge, Obstgärten, Wiesen, Weiden, Korn und anderes Getreide. Sie plagen Menschen und Tiere mit grausamen Schmerzen und verhindern die Fähigkeit der Männer zu zeugen und der Frauen zu empfangen, verhindern ferner, daß die Männer den Frauen und die Frauen den Männern die ehelichen Akte leisten können. Außerdem verleugnen sie den Glauben selbst, den sie beim Empfang der heiligen Taufe angenommen haben, mit eidbrüchigem Munde ..."

Das wurde von der höchsten Autorität verkündet, und das mußte jeder glauben. Die geschürte Angst vor dem Fegfeuer, die durch gut bezahlte Ablässe gemildert wurde, artete zu einem blühenden Geschäftsunternehmen aus. Nicht die Transzendenz verursachte solche Auswüchse, die Perversion der Transzendenz war es. Auf der anderen Seite gab es Erleuchtete, Brennende zu Gott, die Mystiker, wie Hildegard von Bingen, Theresa von Ávila, den heiligen Franz von Assisi, Bonaventura, Bernhard von Clairvaux,

Hugo und Richard von Sankt Viktor, Franz von Sales, Meister Ekkehart, Seuse, Tauler, Jakob Boehme, Bruder Lorenz, die Gottesfreunde vom Oberland... deren erwärmendes Licht noch unsere Herzen erleuchtet. Wer weiß noch etwas von einem Papst Innozenz VII., durch dessen Bulle viele Tausende von dummen, psychopathischen, erregbaren Menschen zum Tode durch das Feuer befördert wurden? Aber die Namen der Mystiker und ihre transzendentalen Gedanken und die reine Glut ihres Glaubens haben bis auf unsere Tage die Aktualität nicht eingebüßt.

Den Umschlag des Pendels auf die Ratio zu können wir im Abendlande verfolgen. Der erste moderne Mensch ist der Franziskanermönch Roger Bacon, der sich mit exakten Experimenten beschäftigte, der eine rational erspürte Vision der Zukunft hatte, von Flugzeugen und pferdelosen Karren und Kränen und der vierzig von achtzig Jahren in den Kerkern der Klöster eingesperrt wurde, weil solche Gedanken nur durch den engen Umgang mit dem Teufel hervorgerufen werden konnten. Jordano Bruno, der Astronom, wurde zu Rom für seine gefährliche Häresie verbrannt.

In der Renaissance beginnt mit Gewalt der Prozeß der Säkularisation. Der Mensch entdeckt die Welt, wie die Antike sie sah, er wendet sich ihren Freuden und Genüssen zu und beginnt, seine Persönlichkeit zu entfalten. Die Welt wird weit, Afrika, Amerika, Indien werden entdeckt. Die Welt gehört dem Menschen. Der Mensch der Renaissance ist wie kein Mensch zuvor und nachher ein ganzer Mensch. Religion und Philosophie, Kunst und Wissenschaft sind hier ungeteilt. Der Künstler ist zugleich Handwerker und Forscher. Spezialistentum ist noch völlig unbekannt. Er entfaltet seine Begabungen nach allen Richtungen, und er erlebt und betrachtet die Welt mit all seinen wachen Sinnen. Herz und Gehirn sind bei ihm miteinander im Einklang. Er ist heil. Er steht mit beiden Füßen fest auf dem Boden, aber noch wölbt sich der bestirnte und von Gott und Engeln und Heiligen erfüllte Himmel über ihm.

Eine Fülle von wachen, mutigen Geistern sprießt aus der Erde, erfüllt von einem neuen Traum vom vernünftigen Menschen. Grotius, Spinoza, Locke, Hume, Newton, Voltaire, d'Alembert, Diderot, Lessing, Wolff. Abkehr von dem Absolutismus der Kirche, von dem Absolutismus der Monarchen, von der Sklaverei und Leibeigenschaft, Wertschätzung des Individuums, Postulation der Menschenrechte, Freiheit des Glaubens und religiöse und politische Toleranz, Verbesserung der Lebensbedingungen für alle, Volksbildung und Reform des Strafrechts. Alles ureigentümlich christliche Forderungen, die eigentlich fünfzehn Jahrhunderte lang der christlichen Kirche angestanden hätten, die jetzt von ausgesprochenen Laien ins Leben gerufen werden.

Wie menschlich und wunderbar muten die Erziehungslehren von J.-J. Rousseau, Pestalozzi, Basedow, Campe an: Der Mensch ist gut! Ein optimistischer Glaube an den Fortschritt der Menschheit wird durch Montesquieu, Herder, Condorcet lebendig.

Dann schlägt das Pendel radikal nach links. 1793 wird auf Vorschlag von Chaumette in Paris ein Altar der Göttin der Vernunft errichtet. Die Französische Revolution proklamiert: „Égalité, fraternité, liberté – Gleichheit, Brüderlichkeit, Freiheit", die Urforderungen Christi, diesmal aber ohne Christus. Maximilian Robespierre macht sich zur Aufgabe, das Christentum radikal zu vernichten und den Kult des „Höchsten Wesens", der Vernunft, zu errichten. Unter der Parole der Brüderlichkeit werden Kirchen vernichtet, Priester eingekerkert und umgebracht und die Aristokratie der Guillotine anvertraut. So schlägt hier die menschliche Ratio, die christliche Forderungen übernimmt, in die Irrationalität des Hasses und der Menschenvernichtung um.

Im 19. Jahrhundert spitzt sich der Rationalismus immer mehr zu. Die Sozialisten und Materialisten treten auf den Plan, Saint Simon mit seinem „Nouveau Christianisme", Babeuf, Charles Fournier, Louis Blanc, Proudhon, Robert Owen, Ernst Abbe, Lassalle, Engels, Marx. Letztere predigen den Atheismus und bauen auf ihrem philosophischen System eine neue Eschatologie auf, ohne Gott, ohne Himmel, ohne Geist. – Der Mensch ist gut, und wenn er im gleichen Maße an allen Gütern der Natur beteiligt wird, dann gibt es ein Paradies auf der Erde. Zugleich ist es ein Bekenntnis zum Materialismus. Nur was greifbar und sichtbar ist, ist wirklich. Alle Transzendenz wird verbannt ins Reich des Aberglaubens. Der Stoff ist die einzige Wirklichkeit.

Drei große Ströme fließen im 19. Jahrhundert unabhängig voneinander: der politische Marxismus, dessen Verwirklichung bisher nur unter dem Schutz der Kanonen und Diktaturen ermöglicht wurde, die eine Sterilität des Geistes zur Folge haben, denn der

Mensch wird, wie früher durch die Kirche und die absolute Monarchie, eingeengt und manipuliert; die materialistische Wissenschaft, die zu einem blinden Glauben an ihre Richtigkeit und Rechtmäßigkeit führt, und die von Sigmund Freud inspirierte Tiefenpsychologie, in deren Vokabular weder Gott noch Geist, noch Seele, noch Liebe vorhanden ist. Alle drei sind voneinander unabhängig, sie sind aber Kinder der gleichen Zeit. Ihnen allen eignet, daß sie programmatisch sind und von Beginn an Glaubenssätze bilden, Dogmen. Das, was der Kirche zwar zur Macht verhalf, sie aber in ihren eigenen Fesseln ersticken ließ, das gleiche Schicksal erleiden die entseelten, pseudorationalen Machtinstrumente.

Die Resultate sind evident. Im Falle der permanenten Revolution: Unterdrückung, Verbannung, Konzentrationslager, Irrenhäuser für Opponenten, Menschenvernichtung, Gewissenszwang, Sterilität, Armut und Dürftigkeit. In der Wissenschaft großartige, das Weltbild verändernde Erfindungen, gekoppelt mit ungeheurer Dummheit, Verantwortungslosigkeit, Rücksichtslosigkeit, Manipulation. Resultat: Entmenschlichung, sinnlose Opferung der Natur und der Lebensräume und des Lebens, Umweltverschmutzung, Verschärfung der Kriege durch immer rasanter werdende Vernichtungswaffen. Das unvorstellbar Großartige geht einher mit Tod und Verödung. Die blinde Gläubigkeit an die Wissenschaftlichkeit der Psychologie führt zu einer platten Profanierung der menschlichen Seele, zu Profanation des Mysteriums der Liebe in den hemmungslosen Sex, in verfeinerte Techniken des Genusses ohne echten Bezug zur benutzten Person. Der Mensch, das wunderbarste, gebrechlichste und geheimnisvollste Geschöpf der Schöpfung Gottes, wird dadurch leicht überschaubar und deutbar und läßt sich in Kategorien einordnen.

Wir stehen zur Zeit wohl im Zenit dieser Errungenschaften. Die Unordnung und die Ratlosigkeit in der Politik, der Religion, der Psychologie und der Soziologie ist komplett. Das Goethe-Wort „Die Geister, die ich rief, die werde ich nicht los“ ist typisch für unsere Zeit. Der abendländische Mensch ist nicht mehr recht behaust. Er schwebt wie ein Elementargeist zwischen der Erde und dem Himmel, tritt er auf die Erde, hat er immer einen Meter Beton oder Asphalt unter seinen Füßen und spürt die Emanationen der Mutter Erde nicht mehr. Und wann sieht der städtische Abendländer einmal die Großartigkeit des Himmels, im Ausschnitt eines Straßenkanals, geblendet durch die eigenen Laternen? Er ist nicht mehr bestrahlt. Er kann sich in den Zustand eines Hirten oder Jägers oder Landmanns der alten Zeit nicht hineinfühlen, dem nachts das ganze erleuchtete Firmament offenstand und der die Bewegungen der Gestirne beobachtete, er spürt nicht mehr die Erde, die Pflanzen, die Tiere, die alle teilnehmen an der Wärme und Kälte, der Feuchtigkeit und Trockenheit. Je mehr wir das Wissen unserer Vorfahren erforschen, um so mehr staunen wir über ihr ungeheures, profundes Wissen über die Natur, über die Kräfte und Eigenschaften der Pflanzen. Dieses Wissen kommt nicht aus der Ratio, es kommt aus der Transzendenz.

Trotz unserer Überbewertung der Ratio und des blinden Aberglaubens an die Wissenschaft ist eine Ratio ohne den irrationalen Grund gar nicht denkbar. Verfolgen wir beispielsweise den schöpferischen Prozeß von Erfindungen, so begegnet uns oft der transzendentale Kern darin. Kaum eine Erfindung ist allein mit dem Kopf gemacht worden. Ihr zugrunde gelegen hat ein Traum, eine Vorstellung, eine unerklärlich quälende Idee, ein Zwang. Newton soll seine Vorstellung von der Anziehung der Erde durch die Beobachtung eines fallenden Apfels bezogen haben. Schliemann war von Kindheit an davon besessen, Troja, und gerade Troja auszugraben. Der junge Arzt Hickman beobachtete, daß Menschen in geschlossenen luftlosen Räumen in Ohnmacht fielen, und entwickelte die Vorstellung, daß man Menschen ohnmächtig machen könnte, um sie in aller Ruhe und unter Ausschaltung des Schmerzes zu operieren. Seine streng wissenschaftlichen Experimente wurden von der Pariser Akademie der Wissenschaften verworfen. Jenner beobachtet, daß Melker, die offenbar an der leichten Form der Kuhpocken erkrankten, gegen die Menschenpocken immun werden, und er führt gegen ungeheure Widerstände die Kuhpockenimpfung ein. Kekulé von Stradonitz, der sich mit der Chemie des Benzolrings beschäftigt, träumt das Bild des Benzolrings. Schaudinn findet im Mikroskop den Erreger der Syphilis, die Spirochäte. Unzählige vor ihm sahen sie, aber waren nicht in der Lage, es zu deuten. Fleming findet im Mikroskop einige Sporen von Penicillium und sieht, daß die Bakterien, die in ihrer Nähe sind, absterben. Das haben viele andere auch gesehen, aber ihr Geist war blind dagegen. Aus dieser Entdeckung stammt das Penicillin. Wenn man solch irrationalen, transzendenten Faktoren nachgehen würde, würde man sie in der Mehrheit der Fälle finden.

Ein seltsames Erlebnis des Dichters Lermontow ist überliefert. Er war in Moskau zu Gast bei Lopuchin. Abends arbeitete er an einer Lösung einer mathematischen Aufgabe, er quälte sich sehr, konnte sie aber nicht lösen. Er schlief darüber ein. Im Traum erschien ihm ein alter Herr mit Halskrause und Kette um den Hals und gab ihm die Lösung. Als er erwachte, schrieb er sich die Lösung sofort auf und zeichnete die Gestalt des Traums auf die Kalkwand seines Zimmers. Lopuchin ließ diese Stelle einrahmen, aber das Bild zerbröckelte dabei. Daraufhin malte Lermontow den Unbekannten in Öl. Das Bild hängt jetzt im Lermontow-Museum im Puschkin-Haus.

Wir fühlen, daß wir mit der vom Geistigen abgetrennten Vernunft nicht mehr leben können, und allenthalben suchen wir nach der verlorengegangenen Synthese. Der Materialismus hat sich auf Grund der Atomforschung selbst ad absurdum geführt. Wir wissen, daß es diese vielgepriesene Materie gar nicht mehr gibt, daß sie etwas Unsichtbarem und Unfaßbarem gewichen ist. Als ich Student war, lachten meine Professoren und Kommilitonen über mich, daß ich gläubig war, daß ich in die Kirche ging, daß ich einen Rosenkranz bei mir trug und ein Kreuz um den Hals hängen hatte. So etwas Antiquiertes ließe sich doch nicht mit der modernen Wissenschaft vereinen! Ich ließ sie lachen. Inzwischen haben sich gerade die ganz großen Physiker, Einstein, Planck, Weizsäcker... zum Glauben an Gott bekannt, und es erweckt keine Verwunderung mehr, wenn ein ernsthafter Wissenschaftler Gott und die Hierarchie der Engel und sogar die Kirche bejaht. Mein Freund, Professor Hans Werner Janz, besuchte einen Psychiaterkongreß in Spanien. In seinem wissenschaftlichen Vortrag wagte er es, Gott zu erwähnen. Ein verlegenes Staunen ging durch die Reihen der Ärzte. Gott war längst aus den Hörsälen verbannt. Heute wagen wir es wieder, und dieses Wagnis wird immer größer, und die Not, sich dazu zu bekennen, immer akuter. Und während man noch vor fünfzig Jahren über den lachte, der es wagte, noch an Gott zu glauben, über kurz oder lang wird man über den milde lächeln, der sich mit Stolz einen Atheisten nennt.

Der Mensch neigt, trotz der unermeßlichen Möglichkeiten seines Gehirns und seiner Denkprozesse dazu, sich Denkgrenzen zu setzen. Damit landet jede Ratio im Sumpf des Aberglaubens. Errungene Erfahrungen werden festgehalten und konserviert, und gerade die Alten sind nicht bereit, sich für neue Ideen und Erfahrungen frei zu machen. Sie bilden in der Welt ein retardierendes Moment. Als die erste Eisenbahn mit dreißig Kilometern Stundengeschwindigkeit fuhr, protestierten die Universitätsprofessoren: diese Geschwindigkeit würde den Menschen die Lunge zerreißen. Als Hickman der Akademie der Wissenschaften seine Experimente über Betäubung vorführte, stand der damals berühmteste Chirurg Frankreichs Velpeau auf und sagte apodiktisch: „Die Vermeidung von Schmerzen bei Operationen ist eine märchenhafte Vorstellung, und man sollte sich heute nicht mehr damit abgeben. Das schneidende Messer und der Schmerz sind in der Chirurgie zwei Begriffe, mit denen der Kranke nie allein in Berührung kommt, vielmehr muß er sich deren Zusammenwirkung logischerweise gefallen lassen." Damit war das Todesurteil über Hickman und seine Versuche gesprochen.

Virchow, der Begründer der Zellularpathologie, war empört über die Entdeckung der Tuberkelbazillen durch Robert Koch. Und als Karl Ludwig Schleich seine Versuche mit der Lokalanästhesie in Berlin vorführte, wurde er ausgelacht. Die Kirche bekämpfte die Forschung Charles Darwins, weil sie nicht in ihr Konzept paßte.

Rationale Schlußfolgerungen, die besagen, daß man an irgendeinem Punkt mit Folgerungen Schluß macht, führen zu Unmenschlichkeiten. Ein großer Psychiater, Hoche, kommt dazu, durch nicht konsequent zu Ende gedachte Konzeptionen festzustellen, daß beim Menschen ungezählte Krankheitsfaktoren vererbt werden, so Hasenscharte, Hüftluxationen, Kurzsichtigkeit, Epilepsie, Geisteskrankheiten und vieles mehr, und er schließt: allein von der Kurzsichtigkeit oder auch von der Häßlichkeit kommt viel Leid und Unglück in die Welt, und es wäre nützlich, solche Menschen zu sterilisieren. Die Nazis ergreifen diese Pseudowissenschaft und sterilisieren infolgedessen Abertausende von Unglücklichen, die nach heutiger Anschauung gar nicht erbkrank waren. Egas Muniz, ein berühmter und großer Psychiater, kommt zu der Überzeugung:

wenn man bestimmten unruhigen Geisteskranken das Stirnhirn durchschneidet, werden sie ruhiger, wenn auch läppischer. Ungezählte Lobotomien wurden fortan ausgeführt, und aus vorher Geisteskranken wurden zusätzlich Hirnverletzte. Durch die Erfindung der Psychopharmaka erübrigt sich diese heroische Operation. Aber viele Tausende sind irreparabel operiert.

Das gleiche gilt von der wahllosen Hybris der Herzverpflanzungen. Es wird ein Leben durch das Organ eines anderen Menschen verlängert oder gar gerettet. Aber was geschieht wirklich zwischen den Zeilen? Dem Menschen wird die Frist des Lebens und des Reifens verlängert, was macht er damit? Der erste Patient lebte nur noch für die Reklame, für die Publicity, er war besessen darauf. Der Mensch ist aber ebensoviel irrational wie rational. Die Witwe des Negers, der verunglückt war, dessen Herz aber in dem anderen schlägt, hatte ganz verständlich magisch und emotional Ansprüche an den neuen Mann, der doch mit dem Herzen ihres Mannes weiterlebte.

Der mit dieser Ratio begabte Mensch schafft Wunder an Technik, aber in seiner gedanklichen Kurzdenkigkeit sieht er nicht, daß die Abfallstoffe dieser selben Technik das Leben rings um ihn ersticken. Wenn er es merkt, ist es fast zu spät. Es gibt heute kaum ein Gebiet des Seins, in dem das Großartige der Erfindung und der Konzeption nicht zugleich verheerende Auswirkungen hätte. Die, die es merken und wissen sollen, verschließen ihren Verstand davor.

Längst ist die vom Herzen abgetrennte und von der Transzendenz entblößte Ratio zu einer Farce geworden. Seit der Wissenschaft vom Atom dürfte es den klassischen Materialismus nicht mehr geben, zumindest müßte er revidiert werden. Er wird weder von der materialistischen Wissenschaft noch vom Kommunismus revidiert.

Inzwischen ist ein neuer Einbruch des Transzendentalen in den Bereich der Ratio geschehen. Die junge parapsychologische Forschung, die eine urmenschliche Vorgeschichte hat, entdeckt, objektivierbar und mit Instrumenten oder Experimenten meßbar, das Vorhandensein des bespotteten Übernatürlichen. Und gerade die atheistischen und materialistischen Russen stehen an der Spitze dieser Forschung! Man erfährt daraus, welche Macht die Gedanken sind, und lernt es, sie zu aktivieren. Aber wie steht es dann um die Wirksamkeit der guten oder bösen Gedanken, der Verhexung oder der Gebete? Es ist doch die logische Konsequenz, daß, wenn man dem gerichteten Gedanken eine solche Wirkung zumißt, man sie ebenfalls dem Gebet zumessen muß. Die Konsequenz ist: über die Ratio kommen wir naturgemäß wieder zur Transzendenz.

Nicht in allen Regionen unserer Erde gab es solche pathologischen Trennungen von Ratio und Transzendenz. Sie liegen bei uns daran, daß die Kirchen anderthalb Jahrtausende jeden Fortschritt der Wissenschaft radikal verfolgten und knebelten. Als Beispiel: König Philipp II. plante die Durchstechung des Panama-Isthmus. Er beauftragte seine Techniker damit. Fast vierhundert Jahre vorher wäre ein Weg vom Atlantischen zum Indischen Ozean frei geworden. Seine Beichtväter verboten ihm das unter Bezug auf ein Wort der Bibel: „Der Mensch solle nicht trennen, was Gott verbunden habe.“ Das Projekt wurde fallengelassen.

Im Hinduismus, im Buddhismus und im Islam gab es keinen Kampf der offiziellen Religion gegen die Forschung, sie wurde selbstverständlich integriert, daher gab es dort keinen Bruch, und kein Auspendeln zum anderen Extrem und auch keinen militanten Atheismus außer natürlich im politischen Bereich.

Hoffentlich wird die Vision des großen Jesuitenpaters und Paläontologen Teilhard de Chardin wahr, daß entsprechend seinen paläontologischen Forschungen der Mensch auf dem Wege vom Tier zum Engel sei, wobei damit nichts Nachteiliges über das Tier gesagt sein soll. Zwischen dem Tier und dem Engel ist die Spannung des Menschen. Das haben schon die Apostel und Thomas von Aquin und Augustinus und Meister Ekkehart gesagt. Aber Teilhard de Chardin hat es heute und aufgrund seiner wissenschaftlichen Erforschungen gesagt, darum glauben wir ihm heute mehr als den anderen. Wir, die wir im Abendlande hindurchgegangen sind durch alle möglichen diktatorischen und terroristischen „Ismen“ und die wir vielleicht noch davor stehen, wir spüren mit unserem transzendentalen Sinn und mit der Ratio, daß die Zeit langsam reif wird für eine Mündigkeit des Menschen und der Menschheit, deren wesentliche Grundlage das von Christus am deutlichsten geprägte sensibilisierte Gewissen gegen Mitmensch, Kreatur, Pflanze, Mineral und Kosmos ist. Nur aus diesem Bezirk wird die Welt heil.

Geist, Wissenschaft und Kunst

Von Alfons Rosenberg

Wohl noch nie seit der Spätantike standen sich die Mächte und Gewalten des Geistes und der Stoffeswelt im Bewußtsein der Lebenden derart widerspruchsvoll gegenüber wie im Zeitraum zwischen der Aufklärung des 18. Jahrhunderts und der wissenschaftstrunkenen Gegenwart. Der Streit zwischen den beiden ist jedoch nicht nur ein akademischer, er wirkt sich vielmehr über die Grenzen der Wissenschaft im engeren Sinn in allen Bereichen der menschlichen Gesellschaft aus – sowohl in der Strukturbildung des Staates wie in den Ideen der Politik, in der sozialen Problematik, dem geschlechtlichen Verhalten wie in der Kunst des Menschen. Man könnte darum die vielen weltanschaulichen, künstlerischen und politischen Parteiungen in zwei Obergruppen zusammenfassen: in jene Gruppe, welche den Geist in allen physischen und sinnlichen Phänomenen gestaltbildend am Werke sieht, und in jene, welche die Materie als ultima ratio des Lebensprozesses postulieren und ihr jede Möglichkeit der Transzendenz absprechen. Für die erste Gruppe ist alles Geformte eine Wirkung des Geistes, für die zweite ist der Geist eine Funktion des Gehirns unter Mitwirkung der von den Drüsen erzeugten Hormone.

Jedoch ist der Geist keinesfalls, wie dies die Anbeter des Stoffes wähnen, nur Produkt der Gehirntätigkeit. Vielmehr hat sich der Geist, was immer man auch darunter verstehen will, sich das Gehirn als sein Organ geschaffen, durch das er seine Botschaften in die sichtbare Welt schickt, mit dessen Hilfe er die Sinnenwelt durchdringt und ordnet. Hierfür sind die wichtigsten Erforscher sowohl der Physis wie der Geisteswelt glaubwürdige Zeugen. Allen voran Goethe, der Platon der Neuzeit, der es vermochte, die Formen der Erscheinungswelt auf Urphänomene zurückzuführen. In seinem Sinne wirkte in der Hochzeit der Romantik der Arzt, Psychologe und Symbolforscher Carl Gustav Carus, später der Theologe und Naturforscher Karl Heim, der Paläontologe Edgar Dacqué, der geistige Vater Teilhards de Chardin, der endlich wieder dem Bild- und Mythenschatz der Menschheit wesentliche Erkenntnisse zur Herkunftsgeschichte des Menschen entnahm, der Zoologe Adolf Portmann, welcher u.a. die Gestalt als Formwerdung der „Innerlichkeit“ von Tier und Mensch beschrieb, der Physiker Walter Heitler, der über Physik und Chemie hinaus den Menschen als ein Wesen sichtete, welches den „unverweslichen Leib“ erhoffen darf, der Biologe Joachim Illies, der Volkswirtschaftler und Philosoph Walter Heinrich, welcher der „kainitischen“ Willkür-Wirtschaft eine organische aus adamitischem Geist entgegensetzte. Diese und manche andere Forscher – eine wenn auch bedeutsame Minderheit – erstreben die Vereinigung des Geist- und Naturpoles in einer Ganzheitsschau des Lebendigen, um durch eine solche die vorherrschende einseitig materialistisch gesinnte und darum im Grunde menschenfeindliche Wissenschaft zu überwinden.

Freilich meint man des Geistes habbar zu werden, indem man ihn in einen Begriff zwängt oder ihn in ein Begriffssystem einzugliedern sucht. Doch trotz der Legion von Deutungen, die im Laufe der Jahrtausende hervorgetreten sind, ist es nicht gelungen, das Wesen des Geistes zu präzisieren. Es ist unmöglich, diese Vielfalt der Anschauungen auf einen Nenner zu bringen, um dadurch zu einer einfachen und zugleich kernhaften Sinndeutung gelangen zu können. Der Grund für solche Vergeblichkeit ist, daß „Geist“ ein auf nichts Vorgängiges zurückführbares Urphänomen darstellt und daß „Geist“ infolgedessen zu jenen Urworten gehört, welche sich jeder analytischen Aufschlüsselung entziehen. Es mag sich darum mit dem „Geist“ ähnlich verhalten, wie in der Sicht Augustinus’ mit der Zeit. Er schrieb darüber: „Wenn man mich fragt, was die Zeit ist, weiß ich es nicht; wenn man mich nicht fragt, weiß ich es.“ Es ist eben nicht nur eine Erfahrung Platons, daß die Wahrheit dem Menschen eingeboren ist und er es vermag, sich ohne den Umweg des diskursiven Denkens ihrer zu „erinnern“. Die Ahnung von der Wirklichkeit des Geistes gehört dem intuitiven Vorwissen des Menschen an – ohne dieses beweisen zu können, ist ihm dieses nicht zu widerlegende Gewißheit. Doch um diese in Sprache zu übersetzen, bedarf es der Schulung, solche „Übersetzungen" wurden hundertfältig versucht. Allerdings läßt sich der Gehalt eines Urwortes, wie es „Geist" ist, niemals völlig zulänglich und adäquat übersetzen. Darum sind auch die großen Denker jeglicher Epoche in solchen Versuchen, die immer nur einen Aspekt beschreiben konnten, wie es nicht anders sein kann, gescheitert.

So wurde bis an die Schwelle der Neuzeit der Geist als der Gegenspieler von Form und Materie gedacht und erlebt, wobei dieser wie von den griechischen Naturphilosophen, von den Eleaten und von Pythagoras als das „eigentlich Wirkliche" gedeutet wurde. Für Heraklit war das Geistige der Inbegriff des Seienden. Für Plato nimmt der Geist unter den Erkenntnisweisen der Seele die höchste Stufe ein – er ist für ihn das „Auge der Seele", durch welches diese die ewigen Urbilder, die allen Gestalten zugrunde liegen, zu schauen imstande ist. Nach platonischer Anschauung durchwirkt und erleuchtet er das sinnliche Wahrnehmungsvermögen und befähigt dieses, vom Sinnlich-Vergänglichen zur Schau des Geistig-Unvergänglichen aufzusteigen. Im Geiste gewinnt der Mensch, so Platon, die zweite Geburt im göttlichen Bereich.

Auch der johanneische Christus weist auf die Notwendigkeit der Wiedergeburt des Menschen im Geist hin. Erst nach dem Empfang des Geistes, der freilich nicht willkürlich habbar ist, vermag der Mensch sein dem Naturgesetz unterworfenes Sosein in die Freiheit des ewigen Seins hinein zu überwinden, wie dies Johannes im dritten Kapitel seines Evangeliums bezeugt. Dies aber besagt, daß auch in der Verkündigung Jesu der Geist nicht in der Natur und im Menschen von vornherein vorhanden ist. Er wird den „Bettlern vor dem Geiste" und nur diesen hinzugeschenkt. Damit aber setzt Jesus voraus, daß der Mensch, obwohl auf Ganzheit und Vollendung, auf Gutsein hin angelegt, in seinem „natürlichen", mangelhaften Sein der Ganzheit entbehrt und darum krank ist. Durch den Geist, den er vermittelt und ausspendet, wird der beschädigte Mensch gereinigt, geheilt und in den Stand der Ganzheit, das will sagen, seiner schon jetzt gegenwärtigen Zukunft, geleitet.

Wie Jesus dies ankündet, wirkt der Geist unvorhersehbar und spontan – sein Kommen und Gehen, sein Wehen entzieht sich jeder Berechnung. Er wirkt durch seine Dynamis die Wandlung im

Menschen, sein Fortschreiten von geistiger Blindheit zum Zustand der Erleuchtung, zumindest aber zur Erweiterung seines Bewußtseins. „Entsprechend der ursprünglichen Windnatur des Geistes ist dieser das aktive, beflügelnde und bewegte, sowohl wie das belebende, anregende, aufreizende, anfeuernde, inspirierende Wesen" (C. G. Jung). Bedeutungsvoll steht das deutsche Wort Geist in bezug zu heftiger Bewegung, zu Aufschäumen und Aufbrausen und darum auch zu Gischt, Gäscht, gheest. Der Geist fällt in die Welt ein und setzt sie in Bewegung – und dies gerade darum, weil er, wie dies die einhellige Aussage der Überlieferung ist, in ihr nicht enthalten ist – (wir werden jedoch eine andersartige moderne Anschauung kennenlernen). Im Bilde läßt sich dies vorstellen, wie wenn der Wind über ein Getreidefeld streicht und die reifen Ähren wellenförmig bewegt.

Indem der Geist das Bewußtsein des Menschen inspiriert, d.h. durchgeistet, wird er fähig, das größere Leben zu erfahren und an ihm teilzunehmen. Insofern ist der Geist immer von zeugender, Wirklichkeit stiftender Kraft. Allerdings ist seine Wirkung nicht gradlinig. Vielmehr ist dem Wirken des Geistes ein springender Rhythmus eigen. Infolge seiner paradoxalen Natur überspringt er die Kausalketten, die zu entwickeln und zu wahren die Wissenschaftler aller Kategorien sich bemühen. Der Geist überspringt die Stationen des kausalen Denkens – er eilt dessen Schlüssen oft weit voraus, wobei er das Berechenbare, das als Mittel zur Gewinnung der Kontinuität seine Bedeutung hat, oft weit hinter sich läßt. Wegen dieser seiner schöpferischen Sprunghaftigkeit und Unberechenbarkeit ähnelt er der Phantasie, die regellos, aber sinnvoll unaufhörlich neue Denkformen und Gebilde hervorbringt.

Eine vom Atomphysiker Niels Bohr berichtete Anekdote ist bezeichnend für das eigentümliche Wirken des Geistes. Als er sein bahnbrechendes Atom-Modell veröffentlichte, bewunderten ihn Kollegen: „Sie müssen hierfür doch unendlich viele Berechnungen angestellt haben." Aber Bohr antwortete: „Keineswegs – die Idee ist mir eingefallen. Zu rechnen beginne ich erst jetzt." Nicht weniger aufschlußreich ist ein anderer Ausspruch. Als der Atomphysiker Fritz Pauli einen neuen radikalen physikalischen Erklärungsversuch vortrug, kritisierte ihn Bohr mit den Worten: „Was Sie uns da vorgetragen haben, ist verrückt. Aber mich dünkt, doch noch nicht verrückt genug." So mag von außen, vom System her, Geistwirkung verrückt erscheinen. In Wirklichkeit aber ist solche „Verrücktheit" nichts anderes als der logisch vorerst nicht nachvollziehbare „Sprung", dessen übersprungene Kausalketten erst allmählich nachgeholt werden können.

Jedenfalls beruht sowohl die Unfaßbarkeit wie die zeugende Kraft des Geistes auf seinem paradoxalen Wesen – denn der Geist ist der Vereiniger von Gegensätzen, die als Spannung in ihm enthalten sind. Insofern ist sein Wirken umfassend und einend, auf die Herstellung der Ganzheit zielend. Denn das, wozu er den Menschen leiten will, wohnt ihm sowohl als Prozeß wie als Ergebnis inne. Der Geist ist darum Ursache, Weg und Ziel zugleich. Im Geiste zu sein bedeutet darum nichts anderes, als auf dem rechten Weg zum Ziel zu sein – auf einem Weg zu sein, der mit dem unterscheidenden Verstand allein zu begehen nicht möglich ist. Jedenfalls, und dies war bereits den Wissenden des Altertums einsichtig, steht der göttliche oder kosmische Geist in engem Bezug zum Geist des Menschen, was im Griechischen durch die beiden verschiedenartigen Worte für Geist: Pneuma, der die Welt durchstreifende, kosmische oder überkosmische Windgeist, und Nous, der Vernunftgeist des Menschen, zum Ausdruck kommt. Beide sind aufeinander bezogen: Der Geist spricht zum Geist.

Nun hat Carl Friedrich von Weizsäcker, auf den Erkenntnissen seines Lehrers Niels Bohr fußend, im Zuge seiner Forschung über „die Einheit der Natur" einen neuen Geistbegriff zu formulieren unternommen. „Wenn meine These (von der Einheit der Natur) wahr ist, dann steht, von dieser Physik aus gesehen, nichts der Behauptung im Wege – die allerdings auch nicht aus ihr folgt –, daß, wenn ich einmal klassische Begrifflichkeit benutzen darf, die Substanz, das Eigentliche im Wirklichen, das uns begegnet, Geist ist. Denn es ist dann möglich, so zu formulieren, daß die Materie, welche wir uns nur noch als dasjenige definieren können, was den Gesetzen der Physik genügt, vielleicht der Geist ist, insofern er sich der Objektivierung fügt, insofern er also auf empirisch entscheidbare Alternativen hin befragt werden kann und darauf antwortet." Nach Weizsäcker wird demnach der Geist nicht nur im Bewußtseinsprozeß des Menschen, sondern auch an den Naturerscheinungen manifest. An anderer Stelle erläutert er diese seine

Erkenntnis: „Nun ist mein Lösungsversuch, daß der Mensch in der Tat ein geistiges Wesen ist, einer, dem wir verstehend begegnen dürfen und sollen, daß aber der Gegenstand der Naturwissenschaft nichts dem Geist Fremdes ist, sondern nur gerade der Geist selbst, insofern er sich der Verstandesoperation des Unterscheidens und Objektivierens fügt. Wir können kausal erklären und naturwissenschaftlich heilen, genau so weit, wie die geistige Wirklichkeit sich objektivieren läßt: In dieser objektivierten Gestalt heißt sie Körper, heißt sie Materie. Es gibt danach nur eine einzige Grenze der Objektivierung: ihre eigne Bestimmtheit als Objektivierung. Darüber hinaus ist die Frage, wie es denn kommt, daß *derselbe Geist auf zwei so verschiedene Weisen mit sich umgeht,* wie es z.B. in der Medizin die naturwissenschaftlich kausale und die menschlich verstehenden sind."

„Nach alledem habe ich vollkommen recht, wenn ich einem Menschen als Partner begegne, als einem Du, als einem Wesen, mit dem es gemeinsames Leben im Geiste gibt, und erfasse damit die eigentliche Wirklichkeit, soweit sie überhaupt einem endlichen Wesen wie einem Menschen zugänglich ist. Sowie ich aber frage, wie sich denn dieses Wesen in dieser oder jener Einzelheit verhält, und dieses Verhalten objektiviere ... so werde ich eine Antwort bekommen, die mit den Begriffen der Physik formuliert werden kann und die den Gesetzen der Physik unterliegt. (Aber) diese Physik ist, wie wir aus der heutigen Atomphysik wissen, indeterministisch. Sie läßt einen Spielraum, den wir in der klassischen Physik nicht gekannt haben."

Nach dieser aus der Atomphysik entwickelten Anschauung Weizsäckers wirkt der Geist auf zweifache Weise, in der Innen- wie in der Außenwelt: es ist der „Geist als offene Begegnung" und als „Geist in der Materie" – wobei beide Weisen sich gegenseitig in vielfältiger Weise berühren und herausfordern, man könnte auch sagen: miteinander spielen. Diese Doppelheit des Geistes und die Gleichzeitigkeit seiner verschiedenen Manifestationen steht in Zusammenhang mit einem der Grundprinzipien der modernen Physik, mit der von Niels Bohr formulierten Komplementarität. In dieser Anschauungsweise wird das bisher von der klassischen Physik postulierte Gesetz von der Unvereinbarkeit der Gegensatzpole in einer höheren Ordnung aufgehoben. Niels Bohr hat jedenfalls mit dem von ihm gefundenen Begriff der Komplementarität das ältere polare Gegensatzdenken überwunden. Denn Komplementarität bedeutet, daß zwei Erscheinungen zwar einander auszuschließen scheinen, aber in Wirklichkeit einander ergänzen bis zur gegenseitigen Durchdringung. Niels Bohr hat die berühmt gewordene, paradoxale Formulierung gefunden, daß die Natur des Lichtes sowohl als Welle wie als einzelne Lichtquanten zu verstehen sei. Diese beiden einander ausschließenden physikalischen Eigenschaften „stehen zueinander in einem Verhältnis, das man als komplementär bezeichnet, um zu unterstreichen, daß sie, obwohl sie nicht in einem einzigen anschaulichen Bild vereinigt werden können, je für sich gleichgewichtige Seiten der Gesamtheit der Informationen, die überhaupt gewonnen werden können, Ausdruck geben" (Bohr). Jedes nur mögliche Gegensatzpaar bildet darum gleichsam zwei Ufer, zwischen denen sich in unendlich vielen Mischungen gleitende Übergänge vollziehen.

Dieser innerhalb der Quantentheorie entwickelte Komplementaritätsbegriff ist jedoch nicht auf seinen Herkunftsbereich beschränkt geblieben. Er ist vielmehr zu einer paradoxalen Formel für die in kausaler Denkweise unvereinbare Gegensätzlichkeit des Lebens auf allen Ebenen geworden. Denn in der komplementären Betrachtungsweise erscheinen die Gegensätze nicht mehr als einander ausschließend, einander widersprechend, sondern als zwei einander bedingende Seiten der gleichen Wirklichkeit. Romano Guardini schrieb in seinem wenig beachteten Hauptwerk „Der Gegensatz" (das aus der gleichen Gesinnung wie das Komplementaritätsdenken von Niels Bohr, Weizsäcker und C. G. Jung hervorgegangen ist) die Sätze: „Leben ist nicht Synthese dieser Verschiedenheit, nicht ihre Vermischung, nicht ihre Identität. Sondern das Eine, das in dieser gebundenen Zweiheit besteht. Denn die Wirklichkeit antwortet uns, daß unter den verschiedenen Formen der Einheit, neben der mechanischen, neben der logischen, neben der zweckhaft organisatorischen, es auch noch eine andere gebe, nämlich die spezifische Form der lebendigen Einheit. Deren Wesen aber besteht darin, Einheit von Gegensätzen zu sein." Und nichts anderes meint die Beschreibung der Wirklichkeit als Komplementarität. Jedenfalls, mit dieser ist ein Schlüsselwort für eine neue, durch viele Untergänge hindurch im Werden begriffene Kultur gefunden worden, das eine künftige, den neuen Erkenntnissen gemäße Verhaltensweise im weiteren Umkreise, im Leben der Völker, der Religionen, der Künste und Wissenschaften gewährleisten wird. Durch die Denkweise der Komplementarität wird es möglich sein, die bisher vorherrschende, Denken und Handeln bestimmende Subjekt-Objekt-Spannung, in welcher der Geistpol den Naturpol und umgekehrt jeweils auszuschließen schien, zu überwinden.

Die in der ersten Hälfte des 20. Jahrhunderts entwickelte Anschauung von der Komplementarität physikalischer Gegebenheiten wirkt sich in dessen zweiter Hälfte als ein das Leben strukturierendes Prinzip aus, das die Kultur des 20. Jahrhunderts und der folgenden Zeiten weitgehend bestimmt. Offensichtlich lösen sich in dieser Verstehensweise die bisher eindeutig festen Grenzen zwischen Leben, Kunst und Technik, zwischen den Geschlechtern, Rassen und Klassen mehr und mehr auf, ein Vorgang, der dazu führen kann, daß das bisher gültige Sittengesetz relativiert wird. Sittliche, moralische Indifferenz kann die Folge davon sein, anderseits aber auch eine intuitive Situationsethik, eine neue, die Gegensätze umfassende und integrierende Moral. Damit aber wird das bisher geltende, aus der Erfahrung des unmittelbar Anschaulichen gewonnene archaische Weltbild, das allen bisherigen Kulturen zugrunde lag, verlassen. Denn im komplementären Denken werden Subjekt und Objekt als zwei verschiedene Ausprägungen der gleichen Wirklichkeit erkannt, die sich miteinander in unaufhörlicher Wechselwirkung befinden.

Daher lassen sich die Naturwissenschaften, d.h. ihr Bemühen, den Geist in der Natur darzustellen einerseits, Kunst und Religion als Epiphanie des Geistes im Menschen anderseits, durchaus als aus einer Wurzel entsprungen verstehen. Diese beiden großen Bereiche der menschlichen Kultur sind fundamental geistbestimmt. Freilich trennen sie sich im Laufe einer Kulturentwicklung schließlich so sehr, daß sie, wie feindliche Brüder, einander unvereinbar entgegen sind. Werden sie aber ihrer einigen Wurzel wieder bewußt, dann vermögen sie einander zu dienen, einander zu fördern. Es entspricht jedoch keinesfalls nur einer summierenden Tendenz, Kunst und Religion in einem Atem zu nennen. Denn sie gehören vom Ursprung an zusammen. Beide sind gleicherweise die

Frucht des Geistes im Menschen – sie bezeugen die gleiche Wahrheit, auch wenn sie sie mit verschiedenen Mitteln darstellen. Dies geschwisterliche Verhältnis von Kunst und Religion bleibt im Prinzip auch dann noch bestehen, wenn, wie in unserer Zeit, die Kunst unreligiös geworden ist und die Religion glaubt, der Kunst entbehren zu können. Die einst bannende, formende, ins Übersinnliche leitende Kraft der Religion, durch die sie einst den Seelen Frieden gab und dem Schöpfertum des Menschen die Wege wies, ist heute gebrochen. Die Religion hat sich aus der Sinnenwelt zurückgezogen und die Kunst in eine zerstörerische, führungslose Freiheit entlassen. Als Folge neigt sich das historische Christentum, die Form, in welcher im Westen die Erfahrung des Göttlichen Gestalt gewonnen hat, ihrem Ende zu, was freilich nicht das Ende der Wirkung der Botschaft Jesu bedeutet. Anderseits hat die Kunst dieses Jahrhunderts sich mehr und mehr von ihrer ursprünglichen Geistwurzel entfernt. Sie hat den Geist verlassen, darum wurde auch sie wiederum vom Geiste verlassen. Das sprichwörtliche „den Geist aufgeben“ bedeutet jedoch nichts anderes als „sterben“. Das Ende dessen, was die Menschheit seit der Steinzeit als Kunst verstanden und geübt hat, ist darum gekommen.

Zwar haben Franz Marc und Kandinsky in ihrem revolutionären Manifest von 1910 „Der blaue Reiter“ die Wiederkehr „des Geistigen in der Kunst“ proklamiert – ihre Kunst war beispielhaft dafür. Beide wußten um das Unwirksamwerden der bisherigen Religion, aber insbesondere Franz Marc ahnte eine neue Weise des Religiösen, die im Heraufkommen begriffen war. Er war davon überzeugt, daß die Götter seiner und unserer Zeit, die atheistische Wissenschaft und ihre Tochter, die Technik, künftig „wieder zu Nebendisziplinen unseres Lebens herabsinken werden. Der Taumel über unsere Klugheit wird sich legen, und die Begriffe Gott, Kunst und Religion werden wiederkommen. Neue Symbole und Legenden werden in unsere erschütterten Herzen einziehen.“ Marc wußte um die Untergänge, durch die hindurch sich das Neue, die Religion und die Kunst des Geistes, manifestieren werde. Darum sah er es, als ein Vorgänger, als seine Aufgabe an, „Symbole zu schaffen, die auf die Altäre der kommenden geistigen Religion gehören und hinter denen ihre Erzeuger verschwinden“. Dafür hat er gelebt, dafür ist er gestorben. Es war gleichsam sein

Testament: „Wie schön, wie einzig tröstlich zu wissen, daß der Geist nicht sterben kann – unter keinen Qualen, durch keine Verleugnungen, in keinen Wüsten."

Aber Marcs und Kandinskys Hoffnung hat sich, jedenfalls für unsere Zeit, nicht erfüllt. Das Gegenteil von dem, was sie verkündeten und erstrebten, ist eingetreten. Diese beiden Karyatiden eines künftigen Tempels des Geistes waren in Wirklichkeit einsame Propheten und die letzten Vertreter einer Kunst, die nicht nur in den Sinnen oder im Intellekt, sondern im Geiste wurzelt. Seitdem hat die Kunst (mit wenigen Ausnahmen, so der „großen Alten", wie Klee, Feininger, Meyer-Amden u.a.) einen erschrekkenden Tiefstand erreicht – sie ist weithin (unter Assistenz der Kunsthändler und -kritiker) in die Darmsphäre abgerutscht, und das weit mehr als die Salonkunst der ersten Hälfte und der Naturalismus in der zweiten Hälfte des 19. Jahrhunderts, die nur der Augenlust und der Selbstbestätigung des emporgekommenen Bürgertums dienten. Jetzt spielt die Kunst, die sich unter den verschiedensten Vorwänden als Unkunst firmiert (von den richtungslos gewordenen Spätlingen des Bürgertums eifrig gekauft und von den Kunstideologen mit ekstatischen Hymnen gefeiert), mit Abfällen und Darminhalt – nun gehen Kunst, Technik und Lebensalltag, symptomatisch für die Gesinnung der Wegwerfgesellschaft, fugenlos ineinander über. Wiederum erweist sich Sigmund Freud als ein Prophet (wenn auch wider Willen), als er vor seine epochale „Traumdeutung" das Wort Virgils als Motto setzte: „Und kann ich nicht die Götter (mir) geneigt machen, so will ich die Unterweltlichen heraufbewegen." Das also ist geschehen, wir leben bereits in der Unterwelt, und die Mehrzahl der heutigen „Künstler" sind, als die Unterweltlichen, ihre Diener und Propagandisten. Da kann nicht mehr die Rede sein von einer Verleiblichung, von der Sichtbarwerdung des Geistes. Wenn einst die Brüder Goncourt als Sinn und Funktion der Kunst definierten: „Kunst macht das Unsichtbare sichtbar", und Klee diesen Gedanken noch kürzer fassend: „Kunst macht sichtbar" – so hat im Bereich der Un- und Antikunst, des platten Photographenrealismus und der ekelerregenden Happenings der Geist jede Bedeutung verloren. Vielmehr gilt: „Jedermann sein eigner Fußball." Denn die „Kunstprodukte" unserer Tage sind nichts anderes als Exkremente des gegenwärtigen gesellschaftlichen Prozesses. Jedoch lassen sich im wirklichen Kunstwerk Geist und Form nicht trennen. Was Goethe von der Natur aussagte, ist auch auf das Phänomen der Kunst übertragbar: Dann hieße das Goethe-Wort: „Kunst hat weder Kern noch Schale, alles ist sie mit einem Male.“ Denn der Geist, der den Künstler zur Formbildung drängt, wirkt im Kunstwerk selber. Die Form bezeugt stets den Geist, der sie bewirkt hat, sie ist gleichsam geronnener, materialisierter Geist.

Wissenschaft und Kunst haben seit dem 18. Jahrhundert erstaunlich parallele Entwicklungen durchgestanden. So kannte man bis zur Erfindung und praktischen Nutzung der Dampfkraft im letzten Viertel des 18. Jahrhunderts nur unmittelbar wahrnehmbare und nutzbare Naturkräfte, wie z. B. das Wasser oder die Muskelkraft des Tieres. Doch seitdem durch den komprimierten Dampf vervielfachte Maschinenleistungen möglich wurden, ist der Mensch, unter der Leitung des Geistes Schritt für Schritt in das Unsichtbare der Natur vorgedrungen. Die Mathematik von Gauß vollendete den Prozeß der Aufspürung verborgener Kräfte und Gesetze der Natur. Seitdem beherrscht der Mensch die Welt durch immer intensivere Kenntnis des Unsichtbaren, das er in Formeln zu bannen vermochte.

Einen ähnlichen Weg ist auch die Kunst in der gleichen Zeit gegangen. Wenn sie in der Vergangenheit der Epiphanie der göttlichen Wahrheit diente, vermochte sie es, das Unsichtbare, die Innenseite der Natur oder die ewige Welt im Sichtbaren aufscheinen zu lassen. Jedoch ist das Sinnenhafte der Kunst seit dem Ende des 19. Jahrhunderts immer zarter, schleierhafter, durchsichtiger geworden. Anderseits wird in der Kunst des 20. Jahrhunderts die Erscheinung des Geistes immer unsinnlicher. Er manifestiert sich nicht mehr sinnlich-leibhaft, sondern nur noch abstrakt-zeichenhaft. Im Zuge dieser Entwicklung tritt mehr und mehr als Hauptstrom der Gegenwartskunst die sogenannte abstrakte Kunst hervor, der freilich zahllose, bald wieder verrinnende Nebengewässer und Ismen aus sich entließ. Gewiß ist es Absicht und Programm der „neuen“ dem Geiste verpflichteten Kunst, ein Gleichgewicht zwischen dem Unsichtbaren und dem Sichtbaren herzustellen. Aber nachdem dieses einen Weltaugenblick lang Ereignis wurde, ist es schon längst wieder gestört, und dies schlimmer als je zuvor. Denn das Gleichgewicht der Waagschalen hat sich inzwischen zugunsten der Entsinnlichung verschoben. Eine solche verhindert aber die Verleiblichung des Geistes, die dem Gesetz gehorcht: „je sinnlicher, desto geistiger“.

Als Ursache für diese Entsinnlichung nicht nur der Kunst, sondern des gesamten Lebens der Gegenwart (wodurch das Sinnlich-Anschauliche, weil geistentleert, in ungezügelte Triebhaftigkeit umschlägt) kann gelten: Der Mensch und sein Ingenium wird von der Naturwurzel auf die Geistwurzel umgepfropft – ein Prozeß, der das gesamte Menschengeschlecht durchwirkt und wandelt. Alle Wandlungen der letzten 200 Jahre, die in der zweiten Hälfte des 20. Jahrhunderts immer schneller, oft katastrophenhaft aufeinander folgen und auseinander hervorgehen, sind durch diese Umpfropfung auf diese Geistwurzel veranlaßt.

Es ist freilich zu bedenken, daß dieser Weltprozeß bereits durch die Gestalt und Botschaft Jesu grundgelegt wurde.

Der Heidelberger Soziologe Weber hat schon vor Jahrzehnten darauf hingewiesen, daß wir im Begriffe sind, eine neue Kulturschwelle zu überschreiten – ein Vorgang, der in der Ungeheuerlichkeit seiner Auswirkung nur mit dem Überschritt vom Jäger- und Nomadentum zum seßhaften Ackerbauer und zum Städter in der Jungsteinzeit zu vergleichen sei. Tatsächlich hat sich damals in jahrhundertelangen Kämpfen ein neuer Menschentypus herausgebildet, nämlich unsere Vorfahren ihm engeren Sinn, jene Menschenart, der wir die gesamte Kultur in all ihren reichen Gliederungen, in denen wir Älteren noch aufgewachsen, die aber nun unweigerlich zu Ende geht, verdanken. Heute vollzieht sich ein Übergang von ähnlich tiefgreifender Bedeutung und Wirkung – allerdings mit dem Unterschied, daß vor 6000–8000 Jahren der Mensch die Beherrschung und Nutzung der sinnlich sichtbaren Natur erlernte, wir Heutigen aber die Beherrschung der unsichtbaren Seite, des geistigen Aspektes der Natur anstreben und auch erreichen. Wissenschaft und Kunst machen den Geist derart sichtbar und wißbar, daß es geradezu den Anschein hat, als wolle der Mensch die sichtbare Natur wieder in die unsichtbare zurückverwandeln. Vielleicht hat dies Rilke geahnt, als er in seinen Duineser Elegien die Verse schrieb:

Erde, ist es nicht dies, was du willst: unsichtbar
in uns erstehn? – Ist es dein Traum nicht,
einmal unsichtbar zu sein? – Erde ‚unsichtbar'!
Was wenn Verwandlung nicht, ist dein drängender Auftrag?

Der Weg des Menschen führt darum ins Unsichtbare, weg von der vorgegebenen Natur. Der neue Menschentypus, der heute heranwächst, ein Vorgang, der wahrscheinlich zu Veränderungen selbst des Körpers und der Gehirnfunktionen führen wird, wurzelt im Unsichtbaren und bezieht aus diesem die Kraftimpulse, die ihm das Überschauen ermöglichen. Die furchtbaren Zerrungen, die sich in der Gegenwart als Massenwahn, Geisteskrankheit, als Wissenschaftsreligion, als Vorherrschaft von Ideologien, als Weltvergiftung, als Verderb durch Sexual- und Genußsucht ereignen, sind darum nur die Schatten, die das aufsteigende Licht in die Welt wirft.

Es handelt sich jedoch bei diesen Zerrungen keineswegs nur um die üblichen Konflikte zwischen den Generationen, wenn auch diese mit im Spiele sein mögen, sondern um die Unvereinbarkeit der Mentalität zweier Menschentypen, wie sie bisher noch nie einander derart gegensätzlich waren. Nämlich um die Träger einer reichen, an das vorhanden Sichtbare der Natur gebundenen Menschenart und die Vertreter einer neuen Kultur, die aus dem Unsichtbaren der Natur ihre Kraftquellen bezieht und ihre Macht gewinnt. Für diese beiden Menschentypen, die vielleicht noch für ein bis drei Jahrhunderte nebeneinander, im Wettbewerb miteinander agieren werden, ist so gut wie keine Verständigung möglich. Sie leben in zu sehr verschiedenen Welten und verhalten sich darum wie einst die Völker beim Turmbau zu Babel. Dennoch müssen sie einander aushalten und miteinander arbeiten. Wenn dies gelingt, wird die Spannung zwischen ihnen in positiver Weise zu einer globalen Ökumene führen. Die Wissenden des vergehenden Äons, die Horchenden auf das Tönen und Sausen des Geistes in der Natur, werden ihr Erbe den Wissenden um den Geist, der die Natur durchdringt und über sie hinausführt, zureichen. Aus dem Zusammenwirken beider Menschenarten wird die neue Kultur des Wassermannzeitalters entstehen.

Wenn wir nun im Bereich der Kunst nach den Repräsentanten dieser neuen Kultur suchen, dann stoßen wir durch die Eröffnung des Geistesauges auf zwei zwar weltberühmte, aber in ihrem eigentlichen Wesen noch immer unbekannte Gestalten: auf Mozart und Chagall. In diesen beiden Künstlern begegnet sich die alte und neue Zeit, das Erbe und die Zukunft. Gewiß überschneiden sich in ihrem Ingenium die alte Natursichtigkeit und die neue Geistsichtigkeit. Aber gerade dadurch sind ihre Schöpfungen so erregend spannungsreich. Im Gewand der Überlieferung weisen sie auf noch nie Gehörtes, noch nie Gesehenes, auf den seligen Abgrund unterhalb der Natur, auf den alles umfassenden „Himmel", aus dem der glühende Geist, als Blut der Seele, hervortropft.

Mozart, das ist längst nicht genug erkannt, ist nicht nur das göttliche Kind, das mühelos die herrlichsten Klänge erhorcht, er ist nicht nur ein Tänzer im Rokokogewand, nicht nur ein Klassiker der Form und nicht nur der erfindungsreichste aller Musiker. Denn die vogelliedartige Helligkeit und Süße seiner Klangfiguren, die unerschöpfliche Fülle seiner Melodien, die Leichtigkeit, mit der er von einem Thema zum andern gelangt, sein tiefes Wissen um den Tod, der in all seinen Werken gegenwärtig ist, wenn auch gleichsam eingehüllt in ein Seidentuch der Grazie, sein Beheimatetsein sowohl in der Unter- wie in der Überwelt, der Widerspruch von Reinheit und Sinnlichkeit, den er zu „über-spielen" vermochte – all dies und mehr weist ihn als einen Künstler des neuen, des uranischen Zeitalters aus. Darum gleicht Mozart einem Edelstein mit vielen Facetten – jedes Zeitalter nimmt nur eine derselben wahr, schwört aber darauf, daß diese dann die einzige und wirkliche sei. Unzählige solcher Facetten sind von den dahingegangenen Generationen wahrgenommen worden, und noch immer ist kein Ende solcher Entdeckungen abzusehen. Der Edelstein dreht und dreht sich im Sonnenlauf des Schicksals und im Drehen, in diesem Tanz der geistigen Wollust, enthüllt er immer neu Ungeahntes, Unverstandenes. Mozarts Musik ist auf dem Erdglobus wohl die am meisten gespielte – und dennoch muß er und wird er auch immer neu, als der jeweils Unbekannte, entdeckt werden. Jedenfalls kam in ihm der Widerspruch, der ihn in seinem persönlichen Leben fast zerrissen hat, zur Ruhe und zur Einigkeit. Mehr als Einigsein vermag aber keiner.

So ist schon zu Beginn des neuen, durch uranische Kräfte konstellierten Zeitalters in Mozart bereits sein höchster und reinster, sein zukünftigster Typus ans Licht der Geschichte getreten. Dies entspricht durchaus dem Lebensgesetz. Denn im Gegensatz zur materialistischen Evolutionstheorie ereignet sich im geistig Lebendigen das Vollkommene schon am Beginn und nicht erst am Ende der Evolution. Das Vollkommene ist jeweils vorgegeben und kann dann nur noch ausgefaltet und gleichsam „nachgelebt" werden. So hat in Mozart, der uns als erster die Klänge des künftigen Zeitalters vernehmen ließ, der Typus des kommenden, im Geiste gegründeten Menschen, überglänzt vom Abendrot einer untergehenden, überreifen Kultur, erste Gestalt gewonnen.

Ähnlich, wenn auch auf andere Weise, verhält es sich mit dem Werk des Malers Marc Chagall. Auch Chagall nutzt, wie Mozart, das reiche und reife Erbe einer untergehenden Epoche. Von ihm gesättigt, überschreitet er die Schwelle der allzu festen Erde und wagt es, uralter Traum der Menschheit, zu schweben. Noch tastet gleichsam einer seiner Füße auf die Festigkeit des Bodens, aber schon regen sich ihm Flügel – „der Maler als Engel" –, die ihn von allem irdisch Bindenden hinwegtragen werden – wohin? – in das Reich des Geistes, das zugleich das der Liebe ist. Ähnlich wie in der Gesinnung von Franz Marc, ist auch für Chagall die Materie kein Hindernis mehr – er greift schauend durch sie hindurch, wie durch einen beweglichen Vorhang aus bunten Perlenschnüren. „In Träumen führt uns ein Dämon hinter die bunte Bühne der Welt" (Marc). Das Werk Chagalls ist darum ein einziger, vielgestaltiger Traum. Im „Traum" erhebt er sich über die Schranken der Kausalität (was auf andere Weise auch die moderne Atomphysik unternimmt) und schaut die Einheit hinter der Vielheit. Gott ist diese Einheit, die wir bisher glaubten – heute wissen wir zudem um diese Einheit –, und „Chagall träumt Gott."

Daß er ein Engelmaler, der größte und konsequenteste dieser Zeit, genannt werden muß, bindet ihn zwar an die Tradition der Bibel, auf ihre Berichte von Gotteserscheinungen in Engelsgestalt. Aber ebenso weisen seine so vielfältigen Engel auch in die Zukunft. Denn der Engel ist das Symbol des Wassermannzeitalters, das mit unserer Generation begonnen hat. Was aber ist der Engel? – einerseits geflügelte, geistdurchdrungene Erde, anderseits leibhafter Gott; Geist, der sich verdichtet und mit Stofflichkeit umkleidet. Lassen wir uns von dem Wort „Engel“ nicht irreführen zur Meinung, mit diesem komme nur eine archaische Vorstellungsweise, das Bilddenken der Vorzeit wieder zurück. „Engel“ ist vielmehr ein vollkommen entsprechender Ausdruck für Dynamis, für die dynamische Kraft in Gott und in der Schöpfung. Heute sind wir zur Einsicht gelangt, daß die Stofflichkeit zugleich Energie ist. Auch der Engel und seine Geistleiblichkeit ist eine Weise von Energie, allerdings eine zielgerichtete. Im Engel bricht die Dynamis des kosmischen und göttlichen Bereiches in den Seelenraum und in den Erdraum ein.

Darum verkünden Chagalls Engel, wenn auch mit den Mitteln der großen Tradition, von der hohen Energiespannung künftiger Geistwirkung. Zudem ist die Welt, die Chagall in seinen Bildern aufscheinen läßt, eine offene Welt, deren Grenzen, wenn es solche überhaupt gibt, unabsehbar sind. Diese seine Welt, oberhalb und innerhalb als Standort des Betrachters, kann ein jeder in der Kraft der Liebe, der Sehnsucht des Erkennens überräumlich durchmessen. Denn Raum und Zeit sind Kategorien der Vorstellung. Wer aber aus diesen Vorstellungsweisen heraustritt, der weilt im Unendlichen, wie dies der Titel eines Bildes Chagalls andeutet: Die Zeit hat keine Ufer. Er vermag ungehemmt und ungetrübt von Stufe zu Stufe zu wandern: „Versinke denn, ich könnt' auch sagen, steige.“ Aus diesem unräumlichen Kosmos vermag er nie mehr herauszufallen, der Flug des Geistes kann nicht mehr beschränkt werden.

Dies sind gewiß Intentionen Chagalls, aber keinesfalls vorgedachte oder programmierte. Denn gerade Chagall ist als Künstler eine Einfallspforte des Geistes. Eine Erfahrung meldet sich in seiner Kunst an, welche nicht mehr an den Gegensatz von oben und unten gebunden ist; in seinen Bildern eröffnet sich raumloser Raum, in dem das göttlich Unermeßliche, das Unverwesliche erfahren werden kann. Um aber solche Erfahrung zu realisieren, muß man „schweben“, d.h. sich über die Zwangswelt der Gegensätze erheben können. Denn nur in solchem „Schwebezustand“ wird das Künftige Gegenwart: Traum wird zur Wirklichkeit und Wirklichkeit zum Traum – Signum des uranischen Zeitalters.

Das irdische Wirken Mozarts und Chagalls weist einen Abstand von 200 Jahren auf. Aber in der geistigen Wirklichkeit sind diese beiden Seher-Künstler eng benachbart. Chagall antwortet dem Ruf Mozarts über die Jahrhunderte hinweg. Denn beide sind in der Engelwelt der Töne und Farben beheimatet. Biographisch äußert sich dies darin, daß Chagall, Liebhaber der Musik Mozarts (während ihm Beethoven und Wagner ferne sind), als die Krönung seiner Werke für die Bühne die zauberhaften Dekorationen und Kostüme für die New Yorker Inszenierung der „Zauberflöte" geschaffen hat.

Die Kunst der Gegenwart liegt im Sterben, denn sie hat den Geist aufgegeben. Aber als Hoffnung für ihre künftige Auferstehung als „geistige Kunst" leuchten aus dem Zersetzungsprozeß einige Künstler hervor, unter dieser kleinen Schar (die alleine das Himmelreich erlangt) Mozart und Chagall.

Der Bereich des Emotionalen in der Psyche des modernen Menschen

Von Christa Meves

Unsere Zeit ist mit extremistischem Eifer daran interessiert, Normen und Tabus aus der Vergangenheit aufzulösen: Aber den eilfertigen Befreiern ist häufig nicht bewußt, wie viele ungeschriebene Gebote und Gesetze ihnen unter den Händen neu entstehen, gegen die zu sündigen bald schon ebenso Ausstoßung und Diffamierung zur Folge hat wie das Zuwiderhandeln gegen die alten Sittenvorschriften.

Eines dieser neuen Tabus, das mit eiserner Strenge von jedermann eingehalten wird, der etwas auf sich hält und der im Chor der Meinungen und Stellungnahmen einen ranghohen Platz einzunehmen hofft, ist ein gefühlsunterkühltes Verhalten, Gefühls-Understatement. Sachlich und beherrscht hat der moderne Mensch aufzutreten, selbst noch der Revolutionär. Im Wahlkampf überboten sich die Fraktionsführer Brandt und Barzel trotz der schweren emotionalen Belastungen, denen sie sich durch gegenseitige Angriffe aussetzten, durch ein Verhalten stoischen Gleichmuts, unerschütterlicher Gelassenheit. Nur die Härtesten bestehen diese Proben, nur die geschickt Angepaßten haben es im Bewußtsein, daß *dieses* Verhalten strengste ungeschriebene Vorschrift ist; denn es entspricht den Erwartungen der „Bürger", gehört zu den unbewußten Anforderungen an das Verhalten eines Staatsmannes in einer westlichen Demokratie im Jahre 1973.

Aber ist das nicht in der Tat ein begrüßenswerter Trend? Und war gelassene Beherrschtheit nicht schon immer ein Zeichen von Souveränität, von Würde und Besonnenheit?

Gewiß, es besteht kein Zweifel daran, daß die bewußte Steuerung von Gefühlen und Trieben zu den spezifischen Aufgaben des Menschen innerhalb seines Werdeganges gehört und daß die

Fähigkeit, sich selbst in Zucht zu halten, *das* entscheidende Wesensmerkmal des hochkultivierten Menschen darstellt. Aber mit der Zucht und Beherrschtheit geht es uns nicht anders als mit allen übrigen Tugenden des Menschen: Auch mit ihnen läßt sich schrecklicherweise Mißbrauch treiben, auch sie können durch Übersteigerung, Übermaß und Verabsolutierung entarten und ihre Teufelsklauen sichtbar werden lassen. Denn *alle* psychischen Bereiche bedürfen der Übung, der Pflege, der Beachtung, wenn sie zur Entfaltung gebracht und erhalten werden sollen, und gerade die Gefühlsbereiche neigen unter Abklemmung und Abschnürung zur Stauung und unangemessenen Reaktionen. Aber unser Gefühls-Understatement heute gehört bereits so unerbittlich zur geforderten Maske, macht so sehr das Wesen der modernen „Persona" aus, daß der Mensch unter ihrer drückenden Starre sein eigentliches „Gesicht" zu verlieren droht, d.h., daß der Gefühlsbereich, gewissermaßen die Substanz unseres Lebens, in der Gefahr steht, unter dieser Klammer zu verkümmern und verlorenzugehen.

Das ist eine Behauptung, und ich werde nicht darum herum kommen, den Beweis für sie anzutreten, wenn ich vor Menschen unserer Zeit Aussicht haben will, damit zu bestehen oder sie gar von der Richtigkeit dieser Behauptung zu überzeugen. Ich will es anhand meiner Praxiserfahrung versuchen.

In bezug auf die Unausgeglichenheit im emotionalen Bereich begegnet man als praktisch arbeitender Psychagoge drei verschiedenen Typen von Menschen. Ich möchte sie nennen:

1. die Gefühlsverdränger,
2. die Gefühlszerreder und
3. die Gefühlsverarmten.

Zwar sind diese Typen nicht immer scharf voneinander abtrennbar – der „reine Typ" ist grundsätzlich eine Abstraktion –, aber ich hoffe doch, anhand dieser Unterscheidungen einige Informationen liefern zu können über die spezifischen seelischen Schwierigkeiten und Gefahren des modernen Menschen und möchte daher zunächst jeweils ein Beispiel bringen der drei eben benannten Typen.

Der Vater eines jungen Mädchens, das von mir betreut wird, weil es an einer schweren Neurose leidet, sucht mich zu einem

Beratungsgespräch in der Praxis auf. Es handelt sich um einen außerordentlich distinguiert gekleideten Mann Ende Fünfzig, einen hohen Arzt der um das Wohl seiner Tochter besorgt ist. Ja, sagt er gleich am Anfang, es sei kein Zweifel: er habe sich in der Erziehung seiner Kinder absolut korrekt verhalten, er sei für klare Linien gewesen, knappe Befehle, übersichtliche Ordnung, Gerechtigkeit. Ihm sei da nichts vorzuwerfen. Seine Frau allerdings habe fürchterliche Fehler, sie sei wetterwendisch und launisch, sie habe keine Ahnung von Konsequenz in der Erziehung. Es sei ein Jammer, zumal er als Vater ja allenfalls an den Wochenenden habe in dieses Chaos eingreifen können. Aber das sei eben nur ein Tropfen auf den heißen Stein gewesen. Ja, wenn die Erziehung allein in *seiner* Hand gelegen hätte, wäre es zu dieser angstneurotischen Verstörung seiner Tochter gewiß nicht gekommen. „Freilich", sagt der Vater, „es liegt auch etwas in der Familie meiner Frau. Da gibt es eine Menge labiler Verwandter." Ich frage ihn nach der Gefühlsbeziehung zu seiner Tochter. „Wie meinen?" fragt er irritiert. „Na ja, absolut korrekt, das ist doch selbstverständlich, zwanzig Mark Taschengeld pro Woche, jedes halbe Jahr eine größere Zuwendung für modische Kleidung; Bücher und sonstiges Studienmaterial müssen von eigenen Ersparnissen erworben werden." –„Nein", wehre ich ab, „ich frage nicht nach den finanziellen Regelungen zwischen Ihnen und Ihrer Tochter. Ich frage nach Ihrer Gefühlsbeziehung zu Susanne." Ratlosigkeit umwölkt die Stirn des perfekten Vaters. „Gefühlsbeziehung?" sagt er hilflos und überfordert, „na ja, ich erwarte natürlich, daß sie sich in der Öffentlichkeit korrekt und anständig benimmt." Was eine Gefühlsbeziehung ist, wie man überhaupt fühlt und was man fühlt, gehört so wenig in den Lebensbereich dieses Mannes, daß man kaum auf eine Möglichkeit der Verständigung hoffen kann. „Ach, wissen Sie", sagt er denn auch ein wenig von oben herab, „all dieses Getue mit der Seele! Wir Mediziner können nur glücklich sein, daß wir da klare Wertungen haben und uns nur mit echten Krankheiten auseinanderzusetzen haben. Meine Sekretärin sondiert solche Leute bereits vorher aus. ‚Ist nichts für Sie, Herr Doktor', sagte sie, ‚die Frau hat eine Seele, die soll zum Heilpraktiker gehen.' – Mir tut's im Grunde aufrichtig leid, daß meine eigene Tochter offenbar zu dieser Sorte Mensch gehört, die ‚eine Seele' hat; gelegentlich spricht sie von ihren Träumen und berichtet, daß Sie Wert darauf legen, sie zu erzählen. Für uns Schulmediziner ist das eine geradezu peinliche Sache. Da behaupten Sie kühn, *jeder* Traum habe etwas mit mir, mit meinem Subjekt zu tun. Welch ein Unsinn! Soll ich Ihnen berichten, was ich heute nacht träumte?: Ich werfe einen Blick in meinen Keller und denke: Wie merkwürdig, den hast du noch nie gesehen, warum guckst du ihn dir nicht mal an? Da sah ich, wie eine der riesigen Leitungen, die dort unter einer starken Isolierung verpackt an den Wänden entlanglaufen, unter Zischen und Schmoren aufzuplatzen beginnt und Feuer und Wasser zugleich sich unter Bildung riesiger Dampfschwaden im Keller verbreiten. Ich bin furchtbar entsetzt und denke: Gleich explodiert das Haus! – Dann wachte ich auf. Ich bitte Sie, was hat dieser Traum nun mit meiner Seele zu tun? Ich weiß, warum ich von meiner Ölheizung träumte: Neulich behauptete ein Monteur, der Kessel sei nicht hinreichend isoliert."

In den wenigen Minuten des Gesprächs hatte mir dieser Vater ein geradezu klassisches Beispiel der ungeheuerlichen Stärke seiner Gefühlsverdrängung kundgetan. Sie zeigt sich typischerweise erst einmal in dem Inhalt seines Traumes. Mit und ohne das Ereignis mit dem „Monteur", das hier den sogenannten „Tagesrest" bildet, träumen Menschen, die ihre Gefühle verdrängen, häufig davon, daß in ihrem „Keller", dem Bereich des Emotionalen und Triebhaften, etwas nicht ganz in Ordnung sei, daß eine Leitung unter einem erhöhten Druck stehe, was die emotionale Leitung dann in der Tat auch tut und sich sogar nicht einmal selten als „Hochdruck", als essentielle Hypertonie ganz handgreiflich ausdrücken kann. Männer, die keine Beziehung zu ihren Gefühlen haben und sie als etwas Peinliches, Nichtswürdiges, Weibisches ablehnen, neigen als Folge dieser Verdrängung und Abschnürung aber eben auch zu Kurzschluß- oder Primitivreaktionen, d.h., es kommt bei ihnen häufig aufgrund ganz geringer Anlässe, des „Ärgers über die Fliege an der Wand", zu fürchterlichen Ausbrüchen, Tobsuchts- oder Jähzornanfällen, Bewegungsstürmen und Familienkrächen, die von den Betroffenen im Grunde als lebensbedrohliche Gefährdung (gleich explodiert das Haus) erfahren werden. Wo so viel Wert auf die absolute Beherrschtheit gelegt wird, wo Impulsivität so als minderwertig eingeschätzt wird, muß eine Überflutung mit Zorn als eine nicht ertragbare Schwäche erlebt werden. Da es für einen Menschen mit einem so hohen Anspruch an sich selbst nicht zulässig ist, schwach zu sein, muß ein solches Ereignis so rasch wie möglich verdrängt, eben einfach vergessen werden, damit der starre Vollkommenheitsanspruch aufrechterhalten werden kann.

Obgleich die Sexualneurose der Tochter weitgehend durch die furchtbaren Ausbrüche des Vaters hervorgerufen worden war – sie hat Angst vor *allem* Männlichen bewirkt –, flattert der Vater mit seinen Unschuldsbeteuerungen vor mir gewissermaßen mit den Flügeln.

Die Gefühlsverdrängung bewirkt also ein ganzes Bündel negativer und lebenserschwerender, ja entwicklungsblockierender Charakterprägungen:

1. Sie führt in eine starre Verlogenheit gegen sich selbst, weil Schuld nicht angenommen, sondern auf einen Sündenbock (hier die Ehefrau) projiziert wird.
2. Sie führt in eine Kette von Abwehrhandlungen gegen andere, um sich der Überlegenheit gegen sie zu versichern. (Wieviel klüger ist ein Doktor der Medizin als ein Psychagoge, macht er mir in der ersten Minute klar, obgleich er zu mir als Ratsuchender kommt.)
3. Sie führt damit zu Quälsucht und Machtanmaßung.
   Die Gefühlsverdrängung führt
4. in eine Verkümmerung des Erlebens von Gefühlen überhaupt. (Der Vater hat keine Vorstellung davon, was er im Hinblick auf seine Tochter überhaupt fühlt.)
5. Diese Gefühlsverkümmerung bewirkt durch Generalisierung eine Einschränkung der Phantasie und der Intuition, so daß z.B. gerade Männer mit einer steilen akademischen Karriere doch nur „Lehrstuhl"-Inhaber werden, weil ihre Seelenbrunnen verstopft sind, die sie brauchten, um offen zu sein zum Finden von Neuem in ihrem Fachgebiet.

Auf diese Weise ist es zu erklären, daß bei so vielen klugen und fleißigen Akademikern, die es kraft dieser Eigenschaften geschafft haben, Direktoren eines Instituts zu werden, in denen ihnen alle, alle Wege und Möglichkeiten zu einem großen Leben im schöpferischen Geist auf ihrem Spezialgebiet offenstehen, nichts herauskommt, nichts Eigenständiges mehr. Wie will, um bei unserem Beispiel zu bleiben, ein Arzt über das ehrenwerte Faktenwissen einer puristischen, naturwissenschaftlichen Medizin auch nur *einen* Schritt hinauskommen zu eigenständigen Weisen des Heilens, wenn ihn kein Mensch etwas angeht, der eine Seele hat?

Die Tragödien der Gefühlsverdränger aber bestehen darin, daß ihre zunehmende Starrheit bei ihnen, die aufgrund ihres Vollkommenheitsanspruchs stets ehrgeizig sind, auf der Höhe ihres äußeren Erfolges ein Schwinden ihrer Autorität bewirkt und sie darunter in zunehmendem Maße zu leiden beginnen. Viele dieser Menschen sterben, wenn sie im Feuerofen dieser Not nicht fähig sind, ihre starren Masken zu zertrümmern, am Beginn ihres siebten Lebensjahrzehnts ihren spezifischen Tod, den Streßtod der Gefühlsunterdrückung.

Der zweite Typ, der „Gefühlszerreder", ist weniger unter den Vertretern der älteren Generation zu finden wie der Gefühlsverdränger, sondern mehr unter den Intellektuellen der mittleren und jüngeren Jahrgänge.

Eine Psychologiestudentin sucht mich auf. Sie habe schwere Konzentrationsstörungen und fürchte deshalb, sich nicht hinreichend auf ihr Examen vorbereiten zu können. Sie weiß angeblich genau, woran das liegt. Sie habe erhebliche Konflikte, die ihre Gedanken restlos absorbierten. „Ich bin damit noch nicht ganz klar", sagt sie, „in welcher Gefühlslage ich mich eigentlich Thomas (einem neuen Bekannten) gegenüber befinde. Natürlich schlafen wir miteinander, aber meine Gefühle sind rein genitaler Natur. Manchmal bleiben selbst die aus, und ich muß Thomas geradezu anleiten, mit mir ein Erlebnis zu haben. Ich weiß, daß das natürlich daran liegt, daß meine Mutter mir durch die Prüderie, mit der sie mich vom Erleben abhielt, diesen Block provoziert hat, aber immerhin bin ich davon ja nun mittlerweile emanzipiert. Dennoch bin ich damit innerlich irgendwie nicht durch. Wenn ich abends zu Thomas gehe, überlege ich mir genau, wie ich mich verhalten will – er ist ja ein stark introvertierter Typ, er braucht einfach bestimmte Reize, um in Stimmung zu kommen; dennoch bleiben wir unbefriedigt. Er ist progressiv und ehrlich genug, mit mir die Probleme beseitigen zu wollen, und oft reden wir einfach nächtelang über unsere Konflikte – und morgens in der Vorlesung haben wir dann beide einen Katzenjammer, und keiner von uns beiden ist in der Lage, den Ausführungen des Dozenten zu folgen. Ich habe deswegen auch schon mehrere gruppendynamische Kurse mitgemacht und rede viel über diese Probleme mit meinen Komilitonen – aber nichts hilft."

Es wird eigentlich jedem Laien anhand dieses Berichtes deutlich, wo hier der Hase im Pfeffer liegt: Dieses Mädchen treibt mit ihren Gefühlen einen solchen Kultus, übertreibt das Vor- und Nachdenken so sehr, daß es durch Zerdenken und Zerreden zu ihrem Verlust kommt. Einen solchen Vorgang, den wir in der Fachsprache als Rationalisierung bezeichnen, finden wir gar nicht einmal selten bei Menschen, die entweder Angst vor einem spontanen Erleben haben oder bei denen durch eine einseitige intellektuelle Dressur, durch eine Erziehung zur Überbewußtheit die Möglichkeit zum spontanen Handeln abhanden gekommen ist, bei Menschen darüber hinaus, die sich selbst viel zu wichtig nehmen. Überbewußtheit kann Spontaneität abblocken. Jeder wird das an dem einfachen Experiment nachprüfen können. Wir sind nur noch mühsam in der Lage, eine uns bekannte Treppe hinabzusteigen, wenn wir unsere Gedanken vollständig und bewußt auf diesen Vorgang einstellen. Ähnlich wird z. B. auch der Vorgang des Sprechens und des sexuellen Vollzuges der unbekümmerten Spontaneität seines Ablaufs beraubt, wenn versucht wird, ihn mit übertriebener Bewußtheit vom Großhirn zu steuern. Es ist eine gefährliche und höchst laienhafte Vorstellung vieler sogenannter progressiver Pädagogen, zu meinen, sie könnten den Menschen durch eine übertrieben rationalisierende Aufklärung zu ihrem vollkommenen Glück verhelfen. Ebenso wie Mütter ihre Kleinkinder zu Stotterern machen, wenn sie das Sprechen systematisch mit ihnen üben, werden unsere Kinder durch diese rationalisierende Aufklärungsweise zu impotenten und erlebnisunfähigen Erwachsenen, die sich dann im Gefängnis ihrer Überbewußtheit lebenslänglich im Kreise drehen.

Rationalisierungen bieten keine Erlösung von Gefühlsstörungen, die durch Intellektualisierungen entstanden sind, sie sind grundsätzlich nicht der richtige Weg, um zu einer pfleglichen Kultur des Fühlens zu gelangen. Eine andere Studentin sagte bitter zu mir: „Wir sind die Generation, die ihren Gefühlen Namen mit komplizierten Fremdwörtern gibt und meinen, damit hatten wir sie in der Hand und brauchten keine Angst mehr vor ihnen zu haben. Aber das Gegenteil ist der Fall: Nun müssen wir immer lautere Musik hören und immer mehr und komplizierter reden, um unsere Ängste nicht mehr zu hören; aber irgendwann holen die uns doch ein."

Die traurigste und heute zugleich häufigste Gefühlsstörung – besonders ausgerechnet unter den Jugendlichen – ist die Gefühlsverarmung. Die von ihnen Betroffenen zeigen im Rorschachtest keinerlei emotionale Ansprechbarkeit und äußern ihre Gefühle nur noch in egozentrisch-infantilen Regungen: als gefühlsrohe Habgier und als böser Neid.

Auf meine Frage an zwei Jugendliche – sie hatten einen Rentner zusammengeschlagen und ihn seiner Barschaft beraubt –, ob ihnen vorher der Gedanke gekommen sei, daß der alte Mann durch ihre Handlungsweise leiden würde, antworteten sie: „Wieso, der war doch versichert!" Und auf die Frage des Richters an fünf junge Männer, die ein jugendliches Paar von vierzehn und fünfzehn Jahren „fertiggemacht" hatten, ob sie sich überlegt hätten, wie gemein es sei, zu fünft auf zwei so viel Jüngere einzuschlagen, entgegnete einer von ihnen: „Warum? – der hatte ja ein Mädchen!" Ein Sechzehnjähriger, der zusammen mit einem Gleichaltrigen auf einsamem Feldwege einen ihm unbekannten Neunjährigen sadistisch gequält und geschlagen hat, erklärt: „Ja, wenn ich gewußt hätte, daß ich dann etwas mit der Polizei zu tun bekäme, hätte ich das bestimmt nicht gemacht", und zeigt damit seinen Mangel an Einfühlungsmöglichkeit in die Schmerzen seines wehrlosen Opfers, demonstriert auf diese Weise seine Gewissenlosigkeit.

Aber nicht nur anhand solcher schockierenden Antworten zur Rechtfertigung von Straftaten zeichnen sich Gefühlsverrohungen und Gefühlsverarmungen ab – sie werden auch sichtbar in der Gleichgültigkeit, der Stumpfheit, der Abgebrühtheit vieler

Jugendlicher gegen die Nöte der Menschen in ihrem nächsten Umkreis. (Es ist leicht, die Menschen in Vietnam, die Strafgefangenen oder die Contergan-Kinder zu bedauern, aber schwerer, etwas zur Erleichterung der Allernächsten zu tun oder auch nur ein wenig barmherzig gegen sie zu sein.) Sie werden auch sichtbar in der Stumpfheit und Interesselosigkeit an Erlebnissen in der Natur, durch Kunst, Religion oder Freundschaft. Das Interesse an Hitfestivals, dröhnender Schlagermusik, brutalen Filmen und dergleichen Veranstaltungen bildet keine Ausnahme von der bedauerlichen Regel, sondern bestätigt, wie sehr dieser Verarmung allenfalls noch mit einer immer gröberen Reizung gelegentlich noch beizukommen ist und wie sehr selbst die Verarmten in der Tiefe ihrer Seele hungern und dürsten nach Erlebnissen echter Art.

Bevor wir nun nach den Ursachen dieser merkwürdig verzerrten Erscheinungen im Bereich des Emotionalen beim modernen Menschen fragen und dabei vielleicht Möglichkeiten zu einer Neuorientierung entdecken, möchte ich noch auf die Frage mancher Skeptiker eingehen, die an dieser Stelle auftaucht, die Frage nämlich: Ja, warum denn auch nicht? Warum sollen wir nicht eine kollektive Entwicklung nehmen hin zum „kühlen Kopf", warum sollen wir uns Sorgen machen um ein Robustwerden des Menschen? Letztlich hat das „Understatement" doch eine ausgleichende Funktion – ist eine nüchtern-ehrliche Reaktion auf die hohle Gefühlsübertreibung, das unechte Pathos, das noch um die Jahrhundertwende zum kollektiven Ausdrucksstil gehörte. Und ist ein großer „Gefühlsreichtum" nicht auch ein entsetzlicher Ballast, der den Menschen in diesem gräßlichen Leben unentwegt zu einem schwer Leidenden macht? Ist es nicht besser, man schafft seine Seele einfach ab, wie ein gefühlsverdrängender Vater neulich ernsthaft versicherte, das schon vor Jahren bewerkstelligt zu haben?

Nun, weil jede übertreibende Einseitigkeit ihre spezifischen Gefahren heraufbeschwört, deshalb sind das keine Lösungen des Problems. Ich zeigte ja bereits bei jenem ersten Typ, daß mit der Gefühlsverdrängung immer ein Rückgang, ja schließlich ein Ausfall der schöpferischen Leistungsfähigkeit verbunden ist. Selbst Hochleistungen auf streng intellektuellem Gebiet, dem der Mathematik, der Physik oder der Philosophie, sind keine Angelegenheiten des Denkens allein. Der Gefühlsverarmte, der „Verkopfte", kann allenfalls nachvollziehen, niemals neu schöpfen. Die Verwirklichung des schöpferischen Geistes setzt eine Ausbildung von Geist *und* Seele voraus. Der schöpferische Einfall ist ohne die Möglichkeit zur Identifikation, ja ohne die ekstatische Fähigkeit, über sich hinaustreten zu können, ohne die Übung zu gefühltem, hellhörigem, vorurteilsfreiem Hinhören nicht zu erzwingen. Ebenso ist die Möglichkeit zu tiefgreifender seelischer Hilfe für den anderen ohne die vorausgehende Wandlung des Helfers zu einer Haltung opferbereiter Liebe, zu einem Transzendieren des Gefühls über den Kreis des Ego hinaus nicht vollziehbar. Entwicklungen solcher Art bedürfen daher der konstanten Übung und Vertiefung der Gefühlsbereiche.

Wir brauchen uns nicht einzubilden, daß wir durch die Zeiten hindurch als Kollektiv entwicklungs- und lebensfähig bleiben, wenn die Möglichkeit zu schöpferischer Arbeit und opferbereiter Liebe bei immer mehr Menschen verlorengeht.

Wir sind also in der Tat genötigt, zu fragen: Welches sind die Ursachen dieser bedenklichen Entwicklung, und wie können wir sie aufhalten?

Im einzelnen Menschen wird die Verarmung des Gefühls um so stärker provoziert, 1. je weniger er selbst opferbereite Liebe durch die erste Pflegerin erfahren hat. Ich habe in meiner Praxis durch die vielen Beobachtungen der modernen, gefühlsverarmten Kinder und mit Hilfe der Erhebung ihrer Vorgeschichten die Erkenntnis gewonnen, daß es in der Säuglingszeit – jenseits des dritten Lebensmonats – eine Prägungsphase gibt, in der die Bindung des Kindes an seine Mutter entsteht. Diese Bindung ist notwendig, damit das Kind in die Lage versetzt wird, durch Nachahmung und Identifikation von der Person, an die das Kind gebunden ist, zu lernen. Die Einübung dieser Fähigkeit, die sich später generalisiert, ist streng an biologiche Gesetze gebunden. Sie geschieht nur durch das frontale Hinneigen des Gesichts zu einem Säugling, sie geschieht nur durch die *bewegte* Gestalt, sie geschieht über den Vorgang des Anlächelns. Das Zurücklächeln des Kindes ist ein erster Ansatz zu einer solchen Kommunikation. Kinder, die von verschiedenen Pflegerinnen betreut werden, werden um den Lernvorgang des Sich-Bindens gebracht und schrecklicherweise damit generell um die Fähigkeit der Identifikation. Die gleichen Kinder haben als Erwachsene kein Gefühl für den anderen, sie schaffen es nicht, mit ihm zu kommunizieren, sie haben infolgedessen auch kein Gefühl für Dankbarkeit. Das war für mich eine ungeheuerliche Entdeckung in meiner Praxis: Daß die gesamte Gefühlsentwicklung verarmt, ja geradezu atrophiert, daß weder Intuition noch Phantasie sich entfalten, wenn die Fähigkeit zur Identifikation an der ersten Bezugsperson nicht phasengerecht gelernt wird. Ohne Identifikationsfähigkeit gibt es anscheinend darüber hinaus auch keine Möglichkeit einer Kommunikation mit den übersinnlichen Bereichen. Sie bildet auch die Voraussetzung zur Fähigkeit des Transzendierens überhaupt.

Die Verarmung des Gefühls im modernen Menschen wird aber 2. auch dadurch bewirkt, daß durch Verwöhnung mit technisierten Ersatzgegenständen die Lust an der Aktivität gedrosselt wird, und 3. dadurch, daß die massive Reizüberflutung heute generell Gefühlsabstumpfung bewirkt. Die Einbahnung dieser Nöte ist also eine Folge der Technik, unseres Wohlstandes und einer Fehlmanipulation der Mütter weg vom häuslichen Nest, hinein in eine Emanzipation, die für sie keine ist, sondern sie in ein Gefängnis der Not mit ihren unbotmäßigen, rohen, gleichgültigen Jugendlichen bringt.

Diese so eskalierende Entwicklung der letzten beiden Jahrzehnte ist aber nur die Auswirkung einer geistigen Fehlentwicklung, die im Grunde bereits mit der Aufklärung im 18. Jahrhundert einsetzte, mit der Erfindung der Maschine im 19. Jahrhundert ihre Manifestation und mit der Volltechnisierung des 20. Jahrhunderts ihre katastrophalen Auswirkungen erfuhr.

Letztlich aber beruht diese Entwicklung auf der alten Adamssünde: sein zu wollen wie Götter und damit dem Rausch des Alleinmachenkönnens, der Überbewertung von Intellekt, Wissenschaft, Technik und Geld zu verfallen. Diese Entwicklung führt zunächst aus dem adamhaften Dominanzstreben heraus in die globale Abwertung des Gefühls, und als Folge davon wird Gefühlsverdrängung nötig. Logischerweise kommt es aufgrund dieser Einstellung zu einer Entthronung des Primats der Religion, zu einer Ent-staltung der Kunst, zur Abschaffung des Eros und des Mütterlichen als Wert. Mit der sich immer mehr steigernden Intellektualisierung, besonders auch im gesamten staatlichen Erziehungswesen, kommt es dann als drastische Auswirkung zur Ausbildung des

Typs Gefühlszerreder, wobei die ungepflegten Gefühlsbereiche zunehmend häufiger nur noch in Form grober Triebabfuhr in Erscheinung treten.

Die Gefühlsverarmung als kollektives Phänomen ist dann nur noch die letzte Konsequenz dieser fundamentalen geistigen Leichtfertigkeit und Fehleinstellung, die eben dadurch bewirkt wird, daß die Mütter nicht mehr auf dem Posten stehen, weil Männer in Massen, vor allem die Wissenschaftler und die Ärzte, ihnen suggerieren, es ginge auch ohne sie, und weil die Frauen wieder einmal dumm und dumpf den klugen Herren Glauben schenken.

Eine furchtbare Folge der Verwissenschaftlichung ist die verfrühte intellektuelle Dressur der Kleinkinder. Ein Kollektiv, das die magische Phase des Kindes, die zwischen dem 4. und 6. Lebensjahr liegt, auszuschalten versucht, indem man die Märchen und Mythen, die religiösen Rituale und biblischen Geschichten aus den Kinderzimmern verbannt und sie diffamiert, an ihre Stelle das Erlernen von Kulturtechniken und modisch „naturwissenschaftlichen“ Aufklärungsunterricht setzt, bewirkt Gräßliches. Abgesehen von der Verarmung ihres Gefühls, werden solche Kinder geradezu panisch orientierungslos. Vor einigen Tagen hatte ich einen Fünfjährigen zu untersuchen, der bei seinen Eltern wiederholt Aufklärungsunterricht am lebenden Modell genossen hatte, d.h., sie hatten ihn aufgefordert, die elterlichen Genitalien aus der Nähe handgreiflich zu erforschen. Der Junge hatte eine blühende Hysterie. Gejagt von schweren Angstträumen, in denen ihm Nacht für Nacht die Kuh auf die Brust sprang, war er am Tage von hektischer Unruhe, die es ihm unmöglich machte, sich auch nur für einige Minuten auf irgend etwas zu konzentrieren. Nur an eine Gegebenheit war er fixiert: auch in meiner Praxis wurden alle Gegenstände und Spielfiguren von unten beguckt.

Nimmt man den Kleinkindern den magischen Bezug zu den Dingen ihrer Umwelt, raubt man ihnen den Schleier der Unbewußtheit in einem Alter, in dem ihnen das Paradies noch zusteht, so werden sie insgeheim an diese Stufe fixiert und fallen in ihrem Jugend- und Erwachsenenalter um so leichter gerade auf diese Stufe zurück. In der magischen Stufe stehen die Themen groß oder klein, stark oder schwach, arm oder reich, frei oder gefangen mit im Mittelpunkt der kindlichen Probleme. Menschen, die man um das Durchlaufen dieser so gefühlsgeladenen Entwicklungsstufe bringt, sind als Erwachsene gefährdet, diese Stufe nie vollständig zu überwinden. Magischen Ideologien, Ideologien des Aberglaubens, aber auch solchen, in denen Neid- und Machtphantasien im Mittelpunkt stehen, sind deshalb solche Gefühlsverarmten wehrlos ausgeliefert, selbst wenn ihre Demagogen sich dazu einer vergangenen, nicht mehr realen Gesellschaftskritik bedienen, wie die neomarxistischen Indoktrinierer es in zielgerechtem Gespür für die Gunst der Stunde bereits wacker praktizieren. Sie werden es von Jahrgang zu Jahrgang leichter bekommen mit ihrem teuflischen Geschäft.

Gibt es Wege heraus aus dieser düsteren Situation, aus dieser so langfristigen wie konsequenten Entwicklung – fünf Minuten vor zwölf?

Man kann da vom Konkreten ausgehen und das Heil vom Konkreten her aufzeigen:

Von Säuglingsschutzgeldern, von der Information der Schulabgangsklassen über die Art und Weise und die Ursachen schwerer Gefühls- und Verhaltensstörungen, von der Betonung des Konsumverzichts und dem Aufzeigen der Schäden, die durch übersteigerte Wunscherfüllungen gerade in den jungen Seelen entstehen, durch Warnungen an die Pädagogen vor einer unnatürlichen, sinnlosen und hochmütigen Intellektualisierung ihrer Schüler. Und dennoch bedeutet dies alles, das Pferd vom Schwanz her aufzuzäumen, wenn es uns nicht gelingt, aus dem Dilemma der großen familiären Erziehungsnöte ganz generell mit einem entscheidenden Ruck zu lernen und eine fundamentale Einstellungsänderung zu vollziehen. Sie müßte und dürfte (sogar konsequenterweise) nur heißen: Wenn Adam, der Tüchtige, uns mit seiner Kraft allein an den Abgrund der Verwahrlosung und des Existenzverlustes führt, wenn er nur in der Lage ist, uns von der Militärdiktatur in die Kapitaldiktatur und von dort allenfalls in die Diktatur des Proletariats zu bringen – wäre es nicht sinnreich, das Emotionale nicht weiterhin zur Erwirkung so scheußlichen Elends zu verwenden, indem man es ungepflegt zu wilder Wucherung bringt, sondern es wieder einzusetzen als eine unumgängliche, lebensnotwendige Substanz unseres Seins, und zwar in seiner primären Funktion: Organ der

Transzendenz zu sein, der Rückbindung in Ehrfurcht an jenen Schöpfer, dessen Geschöpf wir nun einmal sind? Nur eine solche generelle Einstellungsänderung, die die Verbindung von Gott und Mensch für das Wichtigste des Lebens schlechthin erachtet, die es für die oberste Notwendigkeit hält, meditieren, beten, lieben, horchen und „gehorsamen" zu lernen, nur eine solche Priorität allein wäre in der Lage, mit all der Not, die durch Volltechnisierung, wissenschaftlichen Hochmut und Gefühlsverstümmelung entstanden ist, in echter geistiger Entscheidung, Entschiedenheit und kraftvoller Abwehr fertig zu werden.

Denn: achten wir es für am wichtigsten, das Gefühl zu kultivieren und zu einem Organ des Transzendierens zu erziehen, so wird keine Mutter mehr ihr Baby verlassen, um in einer Fabrik für es Geld zu verdienen, weil sie die Entfaltung des Gefühls ihres Kindes dadurch, daß sie ständig in seiner Nähe ist, eben für wichtiger hält als seine Ausstattung und sein Spielzeug, das sie für Geld kaufen kann.

Es würde dann niemand mehr dem Abgott Verwöhnung so viel Tribut zollen, wenn klarer im Bewußtsein stünde, daß auf diese Weise Gefühl zugeschüttet statt gepflegt und entwickelt wird. Wir würden mehr mit unseren Kindern singen, malen, beten und Geschichten erzählen, anstatt sie vor die vergröbernde und verrohende Fernsehkiste zu setzen. Wir würden vor allem für unsere Kinder und mit ihnen Stunden der Stille schaffen, in denen der Lärm mit Hilfe bewußter Anstrengung gemieden wird und es nur dies gibt: ein Ich und ein Du – in einem Garten, in einem Wald, auf einer Brücke, an einem Wasser. Wir machen heute in Industriegesellschaft, wir machen infolgedessen in Kinderkrippen, Kindergärten, Ganztagsschulen, Heimschulen. Es ist ja gut, daß es so etwas gibt für Kinder, die tragischerweise ohne Mutter aufwachsen müssen; aber wir sollten wissen, daß unsere Spitzenbegabungen dann ausbleiben. Selbst die klugen Israelis, denen unsere Kultur eine solche Fülle großer schöpferischer Einzelner verdankt, haben das in ihren Kibbuzim erfahren müssen; denn die Kultivierung und Gestaltung des Gefühls ist daran gebunden, daß bereits bei jungen Kindern lärmarme und naturnahe Umwelt geschaffen wird. Dies wäre sinnvolle Vorschulerziehung der Zukunft, dies wäre, neben einer Gewöhnung an Kameraden, die notwendige Vorbereitung darauf, daß der Mensch in der Adoleszenz, im Jugendalter, aufzubrechen in der Lage ist, um über den Tellerrand seines Egoismus hinauszuschauen. Nur eine solche Priorität in der Erziehung würde es möglich machen, daß der Mensch offen wird – für die Seele seiner Mitmenschen, für den Geist in der Natur und in der Kunst und schließlich für Gott. Die Lösung von Problemen ist nicht eine Angelegenheit ihrer Verbalisierung, wie unsere Studentin aufgrund ihres Werdeganges tragischerweise annehmen mußte, sie ist die Folge eines Verstehens, das mit dem Verstand allein nicht schaffbar ist. Verstehen, einfühlen, zum Empfinden von Wertungen kommen ist viel eher eine Sache des Sichversenkens, der Meditation, für die der Mensch freilich auch nicht mehr geweckt werden kann, wenn nicht durch seine Kindheit hindurch Vorbereitungen der eben beschriebenen Art vollzogen worden sind. Viele junge Menschen heute sind auf der verzweifelten Suche nach dem Gefühl – und oft sind ihre trotzigen Demonstrationen mit verwildertem Haarwuchs, mit Hippyblumenzügen, mit dem Zurückziehen in eine verfallene Hütte oder auf einen Bauernhof unbewußt und verworren Zeichen eines ganz elementaren ursprünglichen Dranges nach einer Gesundung ihrer Seele. Erreichen aber können wir sie nur durch eine bewußt vollzogene Umkehr zu einer Haltung nicht der Gefühlsunterdrückung, sondern hin zu jener Verbindung von Materie und Geist, in der durch die Liebe, wie in der Hochzeit zu Kana, das Wasser des Lebens in den Wein der Ekstase verwandelt wird. Es gehört zu unserer pädagogischen Verantwortung, die Voraussetzung zur Empfindungsfähigkeit dieser Art zu schaffen. Ihr Ereignis in der Realität freilich bleibt Wunder wie die Wasserverwandlung in unserer Geschichte. Mit der Begnadung zur Liebe, so sagt das Ereignis in Kana symbolhaft aus, kann der Mensch über sich selbst hinaustreten und in der hieros gamos, der heiligen Hochzeit, zu einer Verschmelzung mit dem Universum kommen. Dies gilt es neu zu erfassen, dies müssen wir unumgänglich neu lernen, wollen wir einer menschenwürdigen Zukunft entgegengehen.

Selbsterfahrung als Weltgestaltung. Ein Brief

Von Hugo Kükelhaus

Sie haben recht, wenn Sie mir, wie auch verschiedene andere Hörer meines Vortrags, schreiben, es sei Ihnen in mancher Hinsicht ein Rätsel, wie das gesprochene Wort und das handschriftartige Zeichnen mit Kreide an der Tafel in Gedrucktes zu übersetzen sei, ohne allzuviel an Unmittelbarkeit einzubüßen.

Diese Frage brachte mich auf den Gedanken, Ihren Wunsch nach einer Rekapitulation des Gehörten durch die Zwiesprache eines Briefes zu erfüllen.

Ich beginne wieder mit dem Bericht jenes Falles aus dem Jahre 1967, dessen Behandlung dazu zwingt, das Gemeinsame der verschiedenen Faktoren, die er enthält, herauszufinden. Wobei dieses Herausfinden des Gemeinsamen um so dringlicher wurde, als dieser eine Fall längst kein einzelner mehr ist. Er hat sich im Laufe weniger Jahre als der Beginn einer Epidemie erwiesen. Einer Epidemie, deren Besonderheit darin liegt, daß sie das formale Gefüge der Denkprozesse und mit diesen als deren substantielles Organ das Gehirn befallen hat; und zwar weltweit. Das klingt überspitzt und verstiegen. Aber wir werden sehen.

In New York (Stadtteil Harlem) wurde 1966/67 eine Intermediate School in Betrieb genommen für etwa 2000 meist farbige Jugendliche. Das Bauwerk ging seinerzeit als beispielhaft für die Lösung moderner Schulbauprobleme durch die Weltpresse. Unter dem Schlagwort „Fensterlose Schule" („Fensterlos" ist eine irreführende Bagatellisierung dessen, was hier in Wirklichkeit „los" ist, wie noch beschrieben werden wird). Ich habe diese Schule durch Vermittlung eines bekannten New Yorker Journalisten, bekannt besonders durch seine humanökologischen Warnrufe, besuchen können. Habe darin fotografiert, habe mit den Lehrerinnen, Schülern und später auch mit den Eltern gesprochen.

Die Schule liegt im Kreuzungsgebiet mehrerer zwei- und dreidimensional geführter Verkehrsbahnen. Das bedeutet: unter einer Glocke pausenlosen Lärms mit Phonstärken weit über dem zumutbaren Pegel und mit einem Übermaß der noch viel gefährlicheren unhörbaren niedrigen Schallfrequenzen und zudem mit einer kaum noch atembaren sauerstoffarmen Gasluft, ganz zu schweigen von dem sozialen Klima Harlems. Diesen Teufel trieb man mit Belzebub aus. Auf dem Rücken der Kinder und Lehrer. Die Schule ist ein durch fensterlose Wände von der Außenwelt isolierter Betonbau von kastenhafter Form. Der Kasten ruht auf Betonstützen. Die dadurch unterhalb des Kastens entstehende ebenerdige freie Fläche ist mit Magazinräumen bestückt und zu den umführenden Straßenzügen ringsum hoch vergittert. Auf einer kleinen inselartigen Fläche präsentieren ineinandergeschachtelte Betonkörper „Kunst am Bau". Einen Schulhof gibt es nicht. Das Innere des Komplexes empfängt sein Licht durchweg und ausnahmslos für alle Räumlichkeiten (Treppentrakte [zweigeschossig], Flure, Klassen, Aulen, Labors, Bibliothek, Gymnastikhallen, Musikräume, Behandlungszimmer, Lehrerzimmer, Büros u.a.) durch derart dicht an dicht gereihte Leuchtstoffröhren, daß es zu keinerlei Schattenbildung kommt – programmgemäß. Lichtmenge: 2500–3000 lux. Vergleichsbild: Lebensmittelsupermarkt im Souterrain der Warenhäuser. Pflanzen sind ebensowenig zu unterhalten wie Aquarien und Terrarien. Sämtliche Wände sind einheitlich weiß gekachelt und stark spiegelnd, vom Boden bis zur Decke. Die Decke ist wie üblich aus weißen Schallschluck-Tafeln gebildet, mit dem Effekt der Ausschaltung von sog. „Überschall". Die menschliche Stimme klingt wie durch Watte gesprochen. Die Böden bestehen einheitlich für den ganzen Bau aus spiegelglatten Kunststoff-Platten. Die Türen sind kunststoffbeschichtet, weißgrau, ebenso sämtliche Tisch- und Pultflächen. Da es keinen Schulhof gibt, suchen sich die Kinder während der Pausen Bewegung auf den langen Fluren zu verschaffen. Oder sie jagen die Treppen 'rauf und 'runter. Die Lehrer stöhnen über zunehmendes Schulschwänzen, Unlust, Lernschwäche, Streitsucht, Neurosen, Phobien, Haltungsschäden, Schäden an Augen und – damit zusammenhängend – an Nieren und – schon selbstverständlich – zunehmende Frühkriminalität und Süchtigkeit. Bei den Lehrerinnen kommt es zu chronischen Unterleibsbeschwerden. Zeitweise wurde versucht, die Ausfälle durch kostenlose Glutaminverabreichung zu beheben.

Die farbigen Eltern verfolgten diese Fehlentwicklung ihrer Kinder, die sie gefühlsmäßig auf den Schulbau zurückführten, mit wachsender Sorge. Abordnungen, die bei den zuständigen Behörden vorstellig wurden, erhielten den Bescheid, die Kinder müßten sich der Modernität der Schule anpassen. Dementgegen konnten sich die Eltern nur auf ihr Gefühl berufen. Und mit Gefühlsurteilen läßt sich nicht argumentieren. Man bat mich, auf einigen Schreibmaschinenseiten Argumente zusammenzustellen, die sich nicht auf Gefühl stützen, sondern auf die Beschreibung der Funktionsbedingungen von Organverrichtungen. Mit dieser Aufstellung begann der besagte Journalist und sein Kreis einen Aufklärungsfeldzug (mit bis heute ständig zunehmendem Echo). Dabei unterstützt eine eigene Zeitschrift: „The Sheepshead Bay Township".

Nun wäre es schon ein Wunder zu nennen, wenn dieses Projekt in Westdeutschland nicht eine Parallele, genauer gesagt: eine Parallel-Entwicklung gefunden hätte. In der Tat wurden mit einer Verspätung von drei Jahren in Westdeutschland mehrere, inzwischen zahlreiche, ähnliche Schultypen geplant, in Angriff genommen und ausgeführt. Eine der ersten war die in Neu-Isenburg (Kreis Offenbach) Anfang 1971 in Betrieb genommene. Die Eltern hatten zunächst wochenlang gestreikt. Sie hielten ihre Kinder der Schule fern. Aber die Proteste erschöpften sich ähnlich wie im Fall Harlem in Gefühlsargumenten. Und zwar durchweg nur gegen einen der parabiologischen Faktoren: gegen das Kunstlicht. Die Eltern mußten schließlich den Kampf aufgeben. Das Gesetz führt am längeren Hebel. Und dieses um so eher, als die vorgebrachten Gegenargumente sowohl nur emotionale als auch nur teilbezogene waren (Kunstlicht). In Wirklichkeit übertrifft die Neu-Isenburger Anlage das Harlemer Modell durch Einführung weiterer biogenetischer Negativ-Faktoren beträchtlich. Die Anlage ist ebenerdig. Ihre Raumsätze bewegen sich in ein und derselben Ebene stufenfrei. Die Belichtung erfolgt durch Leuchtstoffröhren bei etwa 1200 lux schattenlos. Die Physiologie gestattet maximal 250 lux Kunstlicht (vgl. die Forschungen von Prof. Jacob, Sozialpatholog. Institut der Universität Heidelberg, Prof. Hollwich, Universitätsaugenklinik Münster, Prof. Helmut Becher,

Patholog. Institut Münster, Prof. Mislin, Internationales Institut für Humanökologie, Universität Basel, Prof. Heitler, Institut für theoretische Physik, Universität Zürich – u.v.a.). Sie lassen permanentes Kunstlicht außerdem nur in Funktionsräumen (Labors) und dgl. zu. Nicht aber in Lebensräumen. Erst recht nicht in Räumen, in deren Nutzung der noch im Aufbau befindliche Organismus der Kinder auszureifen hat.

Die Schule Neu-Isenburg läßt Tageslicht in der Weise – zusätzlich zu dem Kunstlicht – in die Unterrichtsräume, daß sie bis in Augenhöhe reichende Öffnungen mit farbig abgedämpften Glasflächen wie bei den Panoramafenstern von Touristik-Bussen aufweist. Man hat sich dazu bereit gefunden, um möglichen Phobien bei den eingeschlossenen Kindern vorzubeugen. Man erblickt auf diese Weise den unter Augenhöhe liegenden Teil der Außenwelt wie durch eine Schneebrille. Kein Himmel. Die stufenfreie Bodenfläche ist mit einem für alle Räume einheitlich maisgelben Perlon-Velour-Spannteppich ausgelegt. Die Wände bestehen durchweg aus eierschalenweiß beschichteten Aluminiumblechen über den üblichen Isolierschichten. Die Decke: Schallschluckkassetten aus Synthetik-Material. Die Unterrichtsräume sind mittels vom Boden bis zur Decke reichenden Glasflächen von den Gängen, der vorgelagerten, foyerartigen Pausenhalle und anderen Klassenräumen aus einsichtig.

Das Mobiliar – Gestühl und Tische – besteht aus weißem oder grauem Kunststoff. Die Stühle sind körperangepaßte Sitzwannen auf Kreuzsteg mit Rollen, die Akustik ist praktisch bis zur Echologigkeit herabgedämpft. Gleichförmige Auswärmung aller Räume durch Vollklimatisierung. Als farbiges Element, soweit baugebunden, monochromatisch behandelte Kunststofftürflächen.

Im Anschluß an diese Skizzierung von Modellen, die zu Prototypen nicht nur für weite Bereiche des Schulbaus, sondern für Bildungsanstalten überhaupt geworden sind (z.B. die Universitätsbauten in Bochum, die schon als Neurosenfabriken bezeichnet wurden), ließen sich nun die Argumente aufzählen, die sich aus der Beschreibung der Funktionsbedingungen von Organen und Organsystemen ergeben, soweit sie spezifisch mit „Lernen“ zu tun haben.

Jedoch, mit dieser Art der Argumentierung würde ich in Widerspruch zur Sache als einer Sache geraten. Der Sachvorgang ist nämlich der, daß das Lernen besonders bei jungen Menschen, Kindern zumal, sich nicht erschöpft in der Aufnahme und Verarbeitung von Informationen durch Bezug auf deren ausschließlich begrifflichen Anteil. Dieser Sachverhalt nötigt dazu, bei seiner Beschreibung mit der gleichen Methode zu verfahren, mit der der junge Organismus (der Organismus überhaupt) lernt. Das heißt: eben nicht durch das bloße Zur-Kenntnis-Nehmen von Daten. Es muß ein anderer Weg eingeschlagen werden. Wir müssen zum Verstehen von Organvorgängen, wie es das Lernen einer ist, lernen, auf die gleiche Weise zu verfahren, wie die physiologischen Vorgänge des Lernens das Verstehen und Begreifen ermöglichen: sie ermöglichen nämlich das Begreifen durch Ergriffensein. „Begreifen durch Ergriffenwerden“ ist gegenüber Organvorgängen die adäquate Methode des Begreifens.

Anders ausgedrückt: wenn ich, um gegen die beschriebenen Schulbausysteme argumentieren zu können, meine Argumente auf die Form von Informationen aufbauen würde, mit der ein physikalischer Vorgang oder ein mechanischer Ablauf mitteilbar und wiederholbar gemacht wird, so müßte diese Informationsform bei ihren Adressanten in ein Vakuum stoßen, weil sie ihrem Gegenstand nicht angemessen ist.

Unser Gegenstand ist ein organbezogener. Ich will ihn verstehen, weil ich mich in meinem Tun und Lassen entsprechend verhalten will. Um diesen ethischen Grad des Verstehens zu erreichen, komme ich nicht darum herum, meine Information von keiner anderen Stelle zu beziehen als von ihrer Quelle. Das bedeutet, ich habe die Organe selbst zu befragen, und da es verpflichten soll, meine eigenen Organe. Aus bloß zweiter Hand kann ich jetzt nichts gebrauchen. Hier gilt, daß der objektive Sachverhalt nur in dem Maße verstehbar ist, als dessen subjektiver Faktor funktioniert. Wenn schon im physikalischen Bereich die alte Subjekt-Objekt-Trennung längst nicht mehr aufrechtzuhalten ist, wieviel weniger im Erkenntnisumgang mit organischen Leben. Die Fragerichtung, die das Subjekt-Objekt-Verhältnis als eine Leistungseinheit anvisiert, erweitert die Frage nach einer „objektiven“ Begründung der beschriebenen Schulbausysteme zu der ganz anders klingenden, welche lautet: „Was sind das für Menschen, die so etwas machen?“ Oder wie es in diesem Zusammenhang kürzlich ein prominenter Physiker, dem auch für organismische Vorgänge bedeutsame Aufhellungen zu verdanken sind (Molekular-Biologie), formulierte: „Was geht in den Leuten vor, die so etwas tun?“ Die Richtung einer derart von der Sache auf die Person sich wendende Frage läßt nach einiger Bedenkung regelrecht erschauern. Sie bewegt sich nämlich in der Nachbarschaft der Frage, die man sich unwillkürlich gegenüber einem unbegreiflichen Verbrechen stellt, der Frage: Was muß generell im Menschen (also auch mir!) vor sich gehen, um „so etwas“ fertig-zu-bringen?

Da die Frage, über die Wisser- und Kennerschaft hinweg in Richtung auf das Verstehen dessen sich bewegt, was wißbar ist, muß die Antwort darauf dort gesucht werden, wo das Verstehen – aller von außen kommenden Information voran – ihren Gegenstand in mir selbst, in meiner eigenen Organik, findet. Erst was ich mir dort selbst = tätig zur Erfahrung bringe, das verstehe ich. Mit anderen Worten: ich habe zu erkunden, welche Bedingungen zum vollen Ablauf der Funktionen etwa meines Bewegungssystems, der Gliedmaßen, der Arme, Hände, Beine, Füße, Gelenke, zu erfüllen sind. Welche für die Sehfunktionen, für das Gehör, für das Tastvermögen; für die Denktätigkeit, das Gedächtnis, das Sprechen, Atmen.

Kürzlich (am 15. April 1973) schreibt mir das Kulturamt der Stadt Dortmund, daß der städtische Gartenbaudirektor, dem alle öffentlichen Anlagen und der große Westfalenpark unterstehen, seit Jahren das Aufstellen von Schaukeln für Kinder verboten hat. Mit der Begründung, die Schaukelbewegung sei lust- und rauschhaft und führe damit gradewegs zum Rockertum, zur Brutalität, zur Frühkriminalität, zum Rauschgift. Das Kulturamt findet diese Maßnahme und deren Begründung „hanebüchen“. Aber da ihm die stichhaltigen Gegenargumente fehlen, bittet man mich um deren Beibringung.

Goethe sagt zu Anfang seines „Planes zum Gesamtwerk über Morphologie“: „Mit Blinden kann man nicht über Farben reden.“ Das ist mehr als eine Redensart. Mit Leuten wie dem Dortmunder Gartenbaudirektor läßt sich über Schaukeln nur in dem Maße reden, als sie fähig und willens sind, Pendelschwingung und Rhythmik, als deren Prinzip, sich am eigenen Leibe zur Erfahrung zu bringen. Das allerdings gilt für uns alle. Denn (ebenfalls Goethe): „Der Mensch weiß letzten Endes nur das, was er tut.“ Solange er das, was er weiß oder zu wissen glaubt, selbst=tätig erzeugt und solchermaßen unter Kontrolle hat, wird sein Wissen zum Verstehen. Er kann dann sogar verstehen, daß das röhrende Rasen auf dem Feuerstuhl mit immer höheren Geschwindigkeiten eine para-rhythmische Flucht vor der eigenen Leere ist – aus einem Horror vacui ins Grenzenlose. Während die Pendelschwingung der Schaukel als eine rhythmisch wiederholte Einkehr in sich selbst verläuft. Und daß gerade Verhinderung und Vorenthaltung rhythmischer Lebens- und Erlebensprozesse das „Rockertum“ produziert. Was da krachend explodiert, ist die nicht gelebte Rhythmik des Lebens.

Zur Sache

Wir fertigen uns ein Pendel in einfachster Form auf folgende Weise: in eine Hartgummikugel, die man in Spielwarengeschäften kaufen kann, treiben wir zwei Nähnadeln, in einem Winkel, dessen Spitze im Zentrum der Kugel liegt. Durch die Öse ziehen wir einen Faden, dessen beide Enden wir an zwei Punkten der Zimmerdecke oder am oberen Rahmen eines Türeingangs befestigen. Die Kugel hängt dann an der Spitze eines Dreiecks, dessen Kanten die Fadenlänge und der Abstand der Befestigungspunkte sind. Senkrecht gemessen, soll die Hanghöhe des Pendels etwa einen Meter betragen. Bei dieser dreieckigen Aufhängung schwingt die Kugel in ein und derselben Ebene.

Wir versetzen das Pendel in Schwingung, indem wir das Gewicht aus seiner senkrechten Ruhelage heraus auslenken und dann loslassen. Die Vollschwingung beschreibt einen Kreisbogen, dessen Radius die Dreiecksenkrechte ist, die zugleich die Schwingungsdauer bestimmt: je länger der Pendelarm ist, desto länger ist die Schwingungsdauer, praktisch unabhängig vom Gewicht und von der Weite der ersten Auslenkung.

Eine seltsame Erfahrung: gleichgültig, ob ich das Pendel viel oder wenig auslenke, ob es weit ausschwingt oder eng, seine Ruhelage gewinnt es praktisch im immer gleichen Zeitraum. Der Ruhepunkt befindet sich senkrecht unterhalb der Aufhängepunkte.

Rechts und links von der Ruhelage befinden sich in der gleichen Ebene die Punkte, an denen die Schwingungsbahn ihre jeweils höchsten Stellen erreicht. An ihnen gewinnt die Fallkraft die Oberhand über die Steigekraft, der sie ebenso innewohnt, wie umgekehrt die Steigekraft mit der Fallkraft verbunden ist. Je höher das Pendel schwingt, desto mehr verliert es seine Steigekraft und desto mehr nimmt die Fallkraft zu; und umgekehrt. Steigen und Fallen bilden die Einheit eines Je-desto-Verhältnisses.

Hier in dankbarem Gedenken eine Zwischenbemerkung: Am 3. Mai 1973 luden die Studenten der Universität Tübingen, die sich zum Arbeitskreis „Didaktik der Mathematik" zusammengeschlossen hatten, zu einer Huldigung des Physikers Martin Wagenschein ein unter dem Thema: „Der Physiklehrer in seiner Verantwortung in der Gesellschaft". Wer ist Wagenschein? Er ist derjenige Wissenschaftler unserer Tage, der so tiefblickend wie vielkundig nach der Forderung Goethes, das Objekt zum Organ zu machen, den Weg freilegte, auf dem sich physikalisches Wissen zur Reife des Verstehens entfaltet. Dem Erwachsenen, der ja über das Kennen hinaus die Pendelschwingung verstanden hat, wäre es unmöglich, deren Erfahrung Kindern durch ein Schaukelverbot von Amts wegen vorzuenthalten. Wie sehr andererseits physikalisches Nichtverstehen identisch ist mit einer schwerwiegenden gesellschaftspolitischen Fehlregulation, zeigt das Dortmunder Beispiel.

Während die Zurkenntnisnahme eines physikalischen Vorgangs wie der Pendelschwingung von der Frage ausgeht: „Was kann ich damit anfangen?", gründet das Verstehen derselben in der Erkundung: „Was fängt seine Erscheinung als *Erscheinung* mit mir an?" Was öffnet sich in mir, wenn ich meine Aufmerksamkeit auf die Empfindung richte, die die Beobachtung des Vorgangs, seine Wahrnehmung, in mir auslöst? Wir kommen dabei zu der Erfahrung, daß das wahrgenommene Je-desto-Verhältnis, das die Gegensätze von Steigen und Fallen zueinander einnehmen, auf mein Nervengeschehen (vor allem das Vegetativum) folgendermaßen einwirkt: die Erscheinung der äußeren (objektiven) Pendelschwingung wird als übereinstimmend erfahren mit den Schwingungsvorgängen des Organismus als eines rhythmischen Systems.

Ähnlich wie die komplementäre Polarität der äußeren (objektiven) Farbe als übereinstimmend mit der gleichen Ordnung des physiologischen (subjektiven) Farberlebens erfahren wird. Und wie erst dieses experimentell betriebene Sich-erfahrbar-Machen die physikalisch objektive Farbe mit der physiologisch subjektiven Farbe zur Farbe als Wirklichkeit und als Phänomen, als Erscheinung, vereint. Anders ausgedrückt: Es wird erfahren, daß durch eben diese Erfahrung die beiden Naturen, die äußere wie die innere, ihre Verwirklichung gewinnen. Sie sind vor dieser Erfahrung nur eine Möglichkeit, eine res potentialis. Danach eine res actualis.

Oder wie – gemäß Goethes Entdeckung – die urpflanzliche Rhythmik von Diastole in der Blatt-, von Systole in der Stengel-Tendenz der Pflanze erfahren wird als das Aus- und Einatmen von zweierlei Gnaden. Die äußere (objektive) Natur entspricht der inneren (subjektiven) Natur derart, daß wie Außen und Innen so ganz allgemein Objekt und Subjekt ein einziges wechselbezogenes Leistungsganzes bilden.

Der besondere Vorgang, durch den die äußere Natur sich vermöge ihres Angelegtseins in der inneren Natur des Menschen erst realisiert, wie umgekehrt sich die innere Natur des Menschen erst im Umgang mit der äußeren Natur verwirklicht, wurde von Goethe unter dem Begriff der „Antizipation" gefaßt.

„Hätte ich nicht die Welt durch Antizipation bereits in mir getragen, ich wäre mit sehenden Augen blind geblieben, und alle Erforschung und Erfahrung wäre nichts gewesen als ein ganz totes und vergebliches Bemühen.

Das Licht und die Farben umgeben uns; allein trügen wir kein Licht und keine Farben im eigenen Auge, so würden wir auch außer uns dergleichen nicht wahrnehmen." Jedoch (und das ist das zu Leistende, dessen Methodik und dessen Ritual Goethe an sich selbst entwickelt und als Disziplin mitgeteilt hat): das ererbte Anlage-System ist versuchstätig zu erwirken, um das zu werden, was es der Möglichkeit nach ist. Der Mensch muß sich tun. „Er sollte ein Selbst-Werkzeug sein", sagte Novalis. Dann tritt ein, was ist; nämlich: Erscheinung ist Erinnerung.

Um eben dieses geht es dem Kinde bei seinem Spiel: Eintreten machen, was ist.

Wir brauchen uns – was Schaukel und Schwingung anlangt –

nur an unsere Kindheitserlebnisse zu erinnern oder – es würde schon genügen – schaukelnden Kindern zuzusehen. Die Höhepunkte des Schaukelgenusses fielen zusammen mit den Höhepunkten der Schwingungsbahn, weil sie die Kehren waren, in denen die Kräfte zum Umschlag kamen. Diesen fühlten wir förmlich; fühlten, wie die eine Kraft in der anderen wohnte, obwohl, ja: weil sie einander gegensätzlich gerichtet waren. Gerade diese (ambivalente) Empfindung ist es, durch die das Schaukeln eine Lust ist, ein nährender Rausch. Alles, was Schwingung heißt, Rhythmik, Periodik, Welle ..., hat hierin seine Wurzel. Es ist die Einheit der Gegensätze, ihr In- und Miteinander, die coincidentia oppositorum des Nikolaus von Kues, deren Erfahrung uns zu dem macht und das sein läßt, was wir erfahren.

Wie die Schwingung ein Vorgang ist, der sich in Wiederholung wieder-holt, so holen wir – sei es als Kind auf der Schaukel, sei es dadurch, daß wir eine Pendelschwingung sehend nachvollziehen – ihr Gesetz und damit uns selber wieder. Wir tun, was geschieht; und wir sind, sofern es – wie die Schwingung – ein allgültiges Geschehen ist, selber das, was geschieht: in persona die Vereinigung der Gegensätze. Immer ist das Einzelereignis im einzelnen der Ursprung evolutionärer Entwicklungen. Das ist es, was den Kindern bei ihrem Spiel die Lust wissend macht und das Wissen lustvoll.

Vor dem nächsten Schritt eine Bedenkung des bisher Erfahrenen: der Gegenstand unserer Behandlung ist unsere Körperlichkeit, unser Leibsein, seine Organe, seine Organfunktionen und deren Bedingungen – nicht nach Art einer darstellenden Anatomie, deren Kenntnis sie verfügbar machen soll, sondern als Frucht einer versuchstätig gewonnenen Bewußtwerdung der besonderen Weisen und Verfahrensformen seiner Verrichtungen; insbesondere nahegebracht an denen der Sinneswahrnehmung. Kurz: Unser Organismus nicht als etwas Verfügbares, sondern als etwas erst zu Erzeugendes. Unser nächster Erfahrungsschritt: das Schreiten. Wir stehen. Wir beabsichtigen, auf ein Ziel zuzugehen. Das Ziel haben wir ins Auge gefaßt. Jetzt verlangt unser Werkthema, daß wir durch ein genaues Hinmerken auf unsere Bewegungsabläufe zu erfahren suchen, was durch uns mit uns geschieht und zu geschehen hat, wenn wir den ersten Schritt tun. Wir werden danach festgestellt haben, daß wir nach Anheben des Fußes, nehmen wir an, es sei der rechte, vom Boden den ersten Schritt hinter uns brachten, indem wir in ihn hineinfielen, weil wir ja momentweise den Schwerpunkt aus uns heraus verlagern mußten, um sogleich das linke Bein aus der Ausgangsstellung anzuheben und es sodann über den Haltepunkt des rechten Beins hinaus pendeln und Fuß fassen zu lassen, in einem Punkt, der ein Stück vorn vor dem Standpunkt des zuerst vorgefallenen rechten Fußes liegt. Das linke Bein hat eine regelrechte Pendelschwingung ausgeführt, wobei der Aufhängepunkt des Pendels senkrecht über dem Standpunkt zu liegen kam. Dieser Vorgang des Hebens und Senkens, einmal rechts, einmal links ausgeführt, wird als Prinzip nicht nur der Gehbewegung, sondern von Bewegung überhaupt von der Sprache richtig beschrieben: Vorgänge sind Vorfälle. Gehen ist – so formulierte es Konfucius im Kommentar zu dem chinesischen Schriftzeichen „Mensch", das einen Gehenden darstellt: „Gehen ist ein ständig aufgefangener Fall" (vgl. Zeichnung 1).

Zeichnung 1

Kinder verstehen das!

Man kann Kinder beobachten, wie sie beim ersten Schritt, den sie vorhaben, folgendermaßen vorgehen: Um beim Hineinfallen in den nächsten Schritt nicht aus sich selbst herauszufallen, sondern umgekehrt während und durch den Schrittfall zu sich selbst zu kommen, suchen sie Halt nicht außer sich, sondern in sich durch sich: dadurch, daß sie sich an den eigenen Ohren festhalten.

Aus diesem Zusammenhang heraus wird man verstehen: das vorher von uns getätigte sehende Beobachten einer Pendelschwingung gewinnt seine Bedeutung für die Gehbewegung als ein Pendeln durch „Antizipation“, d. h. dadurch, daß sie das im Nervensystem verankerte Erfahrungsmuster der Pendelschwingung erinnert. Man kann es auch so ausdrücken: das Beobachten einer Schwingung hat sich in dem Augenblick vom Wissen zum Verstehen entfaltet, wenn es ein schwingender Vorgang geworden ist. Wir wiederholen: Das Gehen als ein rhythmisch aufgefangenes Fallen ins Unverfügbare macht uns das Prinzip dessen erfahrbar, was wir einen Prozeß nennen: es ist das pendelnde Hin und Her zwischen Sicherung und Entsicherung. Entschlagen, berauben oder betrügen wir uns um diese Bedingung, so verfallen wir in Prozeßlosigkeit. Was bedeutet das? Dafür zwei Beispiele.

Stellen wir uns vor, wir gingen drei Kilometer über eine glatte, hindernislose Autostraße, bei hellem Tageslicht. Am Ende dieser Strecke fühlen wir uns schachmatt. Gehen wir dagegen den nebenher verlaufenden Weg durch einen Wald, so gibt es allerlei Hinderungen zu überwinden. Der Weg ist nicht glatt. Es liegen Steine im Weg, Wurzeln überqueren ihn; da sind sumpfige Stellen, schlüpfriges Moos; Äste hängen niedrig, man muß sich bücken. Es ist dämmrig, man muß seine Augen umherschweifen lassen. Man muß horchen, es könnte etwas herunterfallen. Kurz: man ist voll in Anspruch genommen. Ergebnis: statt erschöpft zu sein, ist man erfrischt. Die Einengung, die Nichtinanspruchnahme unserer Möglichkeiten, ihre Unterdrückung ist es, die uns erschöpft. Als weiteres Beispiel ein Versuch aus der astronautischen Testreihe: Was geschieht mit einem Menschen, dessen Umweltsinnes-Verrichtungsorgane, so weit wie eben möglich, von Reizeinwirkungen abgeschnitten werden? Die Versuchsanordnung dabei ist: 80 m unter der Erde ein Bassin mit Wasser von Blutwärme, darin schwebend der Probant, Haut- und Tastempfindungen abgehalten durch Wattepackung, Beatmung künstlich, absolute Lautlosigkeit, absolute Dunkelheit. Der Versuch mußte nach spätestens 12 Minuten wegen drohender Dauerschäden abgebrochen werden: nach wenigen Minuten schon stellen sich Halluzinationen ein, die durch Denkvorgänge nicht mehr unter Kontrolle zu bekommen sind: paranoider Zustand, die Hypophyse (Steuerorgan der Hormonversorgung) streikt, das Verhältnis der roten und weißen Blutkörperchen verändert sich gefährlich, Puls stürmisch bis flatternd, Atemnot. Bei weiterer Fortführung des Versuchs würde der Mensch an

Selbstvergiftung zugrunde gegangen sein. Was wird hier deutlich, überdeutlich? Welche Hinblicke für die Lebenspraxis und das Leben als eine Praxis tun sich auf? In welchen Graden von Dringlichkeit sind die Hinweise zu befolgen? Wir lassen diese Fragen von den einzelnen Organen selbst beantworten, und zwar aufgrund anzustellender Selbstversuche.

In einem dunklen Raum befindet sich eine weiße Kugel. Sie wird in totaler Ausleuchtung nicht als Kugel zu erkennen sein. Sie erscheint als eine flache Scheibe. Wenn sie dagegen durch ein seitlich streifendes Licht so angeleuchtet wird, daß sie teilweise im Schatten liegt, erscheint sie als das, was sie ist: als dreidimensionaler Körper. Diese Versuchsanordnung erreicht, daß sich der Sehprozeß als Prozeß, oder anders ausgedrückt, daß das Sehen sich in seiner Prozessualität entwickeln kann insofern, als das Sehen sich nunmehr pendelnd bewegt zwischen deutlichen und undeutlichen, zwischen mehr oder weniger deutbaren Sichtfeldern des Gegenstandes, auf das es sich bezieht. Wir erfahren mithin zweierlei: Sehen ist (wie alle Wahrnehmung) kein passives Aufnehmen, sondern ein aktives Erzeugen, das nur unter der Bedingung einsetzen kann, daß sein Gegenstand nicht schon vorgegeben fertig ist. Zweitens: Licht ist nicht einfach Helligkeit, die als eine Quantität von einer Meßskala abzulesen ist, sondern Licht ist ein Zustandsgefälle zwischen Hell und Dunkel, zwischen Licht und Nicht-Licht. Und zwar ein räumlich und rhythmisch bewegtes Zustandsgefälle. So wie es uns die Quelle der Lichtenergie, von der die Erde lebt, vorführt, indem die Helligkeitswerte des Tages vom Sonnenaufgang bis -untergang in einem Auf und Ab schwanken, das sich zudem nicht zwei-, sondern dreidimensional bewegt. Der lebende Organismus ist ein instabil-rhythmisches System. Das Kunstlicht etwa eines Supermarktes oder einer Hähnchenfabrik als Prototyp prozeßunterbindender Schulbauprogramme (à la Harlem, Neu-Isenburg) jedoch ist stabil, konstant, pararhythmisch. Die Konstanz ist das Verhängnisvolle. Warum? Weil sich seine Einwirkung nicht allein auf das Sehorgan, was schon schlimm genug wäre, bezieht, sondern auf den gesamten Organismus. Das Sehen ist (wie übrigens alle Sinnesverrichtungen) ein gesamtorganismisches Geschehen. Was am Auge verfehlt wird, wird am ganzen Menschen verfehlt. Der physiologisch determinierbare Funktionszusammenhang ist folgender: Kein Organ entsteht zum Zwecke einer später zu erfüllenden Funktion. Organe entstehen als und durch Funktionen (vgl. Blechschmidt). So entsteht das Auge durch und als eine mit der Hypophyse verbundene Drüsenfunktion. Sehen ist entwicklungsgeschichtlich primär ein drüsensteuernder Vorgang (vgl. Becker: Auge und Zwischenhirn). Es gibt demgemäß zwei Hauptnervenbahnen: die energetische, die von der Netzhaut über die Hypophyse zum Hirnstamm führt – sie ist die primäre; und die optische als die sekundäre, die zum Sehzentrum im Hinterhaupt führt. Das Auge als optische Apparatur (die sich erst nach der Geburt ausbildet; der Säugling muß das Sehen erst lernen) war Gegenstand der physikalisch-physiologischen Erforschung des vorigen Jahrhunderts (Helmholtz). Seiner Entwicklungsgeschichte gemäß führt das nervengewebliche System des Auges nicht etwa – wie sonst angenommen – zu einem „Abbild der Außenwelt". Es bildet sich nichts ab, sondern: Das Gesehene ist die Außenwelt im Zustand der Umwandlung durch den, der sieht. Und umgekehrt: Die äußere Lichtwelt ist – sozusagen – der nach außen gekehrte Augenleib – und umgekehrt. (Diese Umkehrung hatte Einstein bereits angedeutet.) Es ist die längst überwundene Modellvorstellung von einer Subjekt-Objekt-Trennung, mit der die Leute klischeehaft operieren, die es über sich bringen, den Kindern das Schaukeln zu verbieten oder sie per Gesetz zu zwingen, ihr Leben in Zwiespalt und Gegensatz zu den Reifungs- und Wachstumsbedingungen des Organismus zu fristen: in entsprechend (um nicht zu sagen: „in eigens dazu") konstruierten Lernanstalten und Informationsmärkten.

Das System der Wahrnehmungsorgane ist darauf angelegt, daß durch seine Verrichtungen der Selbstverwirklichung des Wahrnehmenden unter der Einwirkung der Gesetzlichkeit gefördert wird, die er mit den Gegenständen gemeinsam hat und die als frühschichtige Erfahrungsmuster seinem Organismus nervengeweblich eingeformt sind; nervensubstantiell oder auf jene energetische Weise, wie sie sich u. a. in der Akupunktur manifestiert. Mit anderen Worten: Das in den Gegenständen waltende universale Prinzip kommt zur Resonanz im wahrnehmenden Subjekt. Sehr deutlich machen es uns die Kinder, wenn sie, während sie einen Vogel fliegen sehen, ihre Arme wie Flügel, und wenn sie einen Hasen hüpfen sehen, sich hüpfend bewegen. Der ausgewachsene Mensch, der Erwachsene, kann dieses In-Mitleidenschaft-Gezogensein unterdrücken und abdrängen – zugunsten von Leistungen, die er sich abtrotzen muß, um sein Dasein fristen zu können. Das Kind kann das nicht, es sei denn auf Kosten seiner physischen Entwicklung und um den Preis der Verkrüppelung. Was dem Erwachsenen jedoch zu tun möglich ist und was sogar das ist, was seinem Leben Sinn, nämlich den Sinn des Lebens als Leben gibt, ist: sich methodisch so weit hoch- und durchzubilden, daß er zwar nicht etwa wieder Kind, sondern wie ein Kind sein würde; was für ihn bedeuten würde, seinen jeweiligen Endzustand durch das, was wir Bewußtsein nennen, in ebenso aktiver Verbindung mit dem Anfang zu halten, wie es das Kind in seiner prälogischen, vegetativen Weise tut. Hinsichtlich der Notwendigkeit, das Ende einer Entwicklung, den Jetzt-Zustand, mit dessen Anfang in funktionaler Verbindung zu halten, lautet die auf das Verhältnis Licht – Auge – Technik bezogene Frage: Kann sich die moderne Lichttechnik mit Hilfe der Technik selbst, also systemintern, zu einer organlogisch gesteuerten Lichttechnik fortentwickeln? Die Antwort ist ein eindeutiges Ja. Wie wir uns eine solche biologisch orientierte Lichttechnik in etwa vorzustellen haben, läßt sich am Beispiel anfanghafter Bauten, d. h. Kultbauten, illustrieren. Die Kultbauten des frühen Christentums (um nicht weiter auszugreifen) – man denke etwa an die Basiliken, wie wir sie in reiner Form in Südfrankreich oder in Irland finden – haben nur eine einzige Lichtquelle, nämlich das Rundfenster gegenuber dem Altar. Durch dieses Fenster („das Auge Gottes“ genannt) fällt das Licht in einem Bündel in das Innere des Raumes, malt auf Wand und Boden einen Kreis; und dieser Kreis wandert. Er wandert über den Boden und die Wände hinauf, so daß das Licht als ein über die Grenzflächen der Körper wandernder Lichtfinger erscheint. Genau dieses ist aber auch der Vorgang, durch den das Licht im Durchgang durch die Linse seinen Weg ins Augen-, und das heißt: ins Menschen-Innere nimmt. Dieses Prinzip des wandernd tastenden Lichtfingers hat Le Corbusier in der Kapelle von Ronchamp aufgenommen, dessen innerräumliche Faszination eben darin begründet ist, daß das Licht biodynamisch geführt ist; qualitativ statt quantitativ. Licht ist nicht Gegenstand des Sehens. Gegenstand des Sehens sind die körperlichen Gegenstände, die dadurch sichtbar werden, daß sich das Licht an ihren Grenzflächen bricht – um so vielfältiger und ereignisreicher bricht, je strukturierter diese sind. Und auf Ereignisreichtum und Geschehensfülle kommt es an, wenn Organe sich zu dem entwickeln sollen, was sie sind. Was das Kunstlicht angeht, so ist man dabei, weitgespannte Leuchtflächen in eine den Helligkeitsschwankungen des natürlichen Lichtes analoge Bewegtheit zu bringen.

Dieser kleine Ausschnitt aus dem Bereich der Möglichkeiten einer organlogisch gesteuerten Lichttechnik kann natürlich nur die Richtung aufweisen, in die eine zukünftige Lichttechnik zu gehen hat. Und was hier vom Licht als solchem, also vom ungebrochenen Licht zu erfahren war, erstreckt sich selbstverständlich auch auf die Farben. Denn auch die Farben – nicht nur die prismatisch gebrochenen, sondern auch jene, die physikalisch gar nicht gegeben sind, die Farbigkeit, in dem sich Physik und Organismus, Objekt und Subjekt zur Objektivität des Subjektiven überlappen und durchdringen – sind das Geschehen, durch das das Licht erst zur Erscheinung Licht gelangt.

Immanuel Kant sagte: „Die Hand ist das äußere Gehirn des Menschen." Damit erkannte er seherisch, was erst die heutige „Funktionale Embryologie" (Blechschmidt) verstehen läßt. Denn gemäß dem Prinzip, daß Organe nicht für, sondern durch Funktionen entstehen, muß gefragt werden, welche Funktion die früheste Handanlage denn zu erfüllen hätte. Die Hände sind (noch als bloße seitliche Hautfalten) Organe, deren gestische Bewegtheit die Durchformung, die Durchgliederung, den Gefügebau des eigenen Organismus steuert und aktiviert. Damit auch gelangen wir zu einem Verstehen der menschlichen Handtätigkeit, deren allgemeine und fundamentale Gültigkeit die handschaffenden Berufe in einem neuen, nämlich in einem gattungsgenetischen Lichte erkennen läßt. Jedoch: im selben Maß und Zusammenhang, in dem eine Pädagogik mit dem einseitigen Schwerpunkt „Information" mittels prozeßunterbindender Lernanstalten die Pädagogik, die auf der Leibständigkeit gehirnlichen Lernens basiert, bis zur totalen Ignoranz gegenüber dem funktionalen Zusammenhang von Leib und Gehirn, vom Vegetativum und Zentralnervensystem unterdrückt hat – im selben Maße überrollt die industrielle Produktionslawine die handschaffenden Berufe, vom Arzt bis zum Handwerker.

Da die Hände als formende Bildner der Entwicklungsgeschichte des menschlichen Organismus entstanden, bricht die nachgeburtlich fortgesetzte Entwicklungsdynamik ab, wenn den Händen diese ihre Funktion vorenthalten wird. Alle Organe sterben ab, wenn die Bedingungen und das Bedingungsgefüge ihrer Prozesse lahmgelegt werden. Was dann übrigbleibt, ist ein Zustand der Lebenswelt der Erde einschließlich ihrer menschlichen Bevölkerung, in dem dessen Dauer von dem Aufschub abhängt, den die mit einer Prothesentechnik versorgten Schrumpforgane und Organstümpfe gegenüber ihrem mangels Eigenbewegung unentrinnbaren Zerfall erzielen können.

Daß wir uns in diesem Zustand mittendrin befinden, braucht nicht mehr gesagt zu werden.

Die Prothesentechnik marschiert. Zur Zeit hat ihr Stoßkeil den Geschehensort erreicht, in dem alles irgend zu Erstrebende und alles irgend Künftige gegenwärtig ist als wiederholte Entstehensgeschichte und Wiederholung durch das Ende: der Stoßkeil hat die Kindheit erreicht. Der von dorther betriebene Entzug der Organik und Verhinderung der Prozessualität der Prozesse bezieht sich gezielt auf das Skelett-Muskel-System, auf Haut, Auge, Gehör, Fuß, Kreislauf, Atem. Die diese Aktivität begründenden Denkschaltungen verlaufen – da sie entleibte und leibverlassene sind – als punktuelle Fixierungen in einer nur linear vernetzten Matrizenebene. Die Aussagen sind tautologische nach der Form A = A. Gerade ist gerade. Hell ist hell. Blau ist blau. Warm ist warm ... usf. Die Schaltungen verlaufen prozeßlos ohne jedweden Eigenstörungspegel. Wogegen die Prozesse aller Organkategorien, um mit ihrer Prozessualität an kein Ende zu stoßen, sondern um stets unverfügte Offenheiten vor sich zu haben, sich durch entsprechende, überaus komplex arbeitende Mechanismen selber stören und verunsichern.

Zum Beispiel: Nie weiß das Gehirn mit völlig schlüssiger Gewißheit, ob meine Hand, die ich gerade betrachte, wirklich eine mir gehörende Hand ist. Der Störmechanismus, der eine solche letzte Gewißheit verhindert, gründet in dem Umstand, daß es zwei Reizfronten sind, die auf die Netzhaut einwirken: eine von außen und eine aus dem Inneren des Organismus kommende. Im Rauschzustand überwiegt die letztere. Im Normalfall trifft das Gehirn seine Entscheidung, ob die Hand die eigene oder eine fremde ist, auf der Basis der Wahrscheinlichkeit. Ganz genau weiß es das nie und: will es auch nicht wissen. Gäbe es die organeigene Störung nicht, so bliebe das Wissen ein Speichern und Fixieren von Daten. Es käme zu keinem Verstehen. Das Verstehen beginnt dort, wo das Vermögen, zu wissen, auf seinen Gang eigenmächtig stolpert.

Das Verstehen ist das bedingende Element der Sprache. Die rapide zunehmende Entsprachlichung, die wir heute beobachten, hat ihre Wurzel in der Angst vor der Störung, durch die sich die Organik entsichert, um sich Luft zu schaffen. Entsprachlichung und Erstarren in Sicherungsmechanismen sind Erscheinungen ein und desselben Sachverhaltes.

Es ist nun nicht entscheidbar, was eher ist: jene materiellen Fehlregulationen, wie sie in den prozeßunterbindenden Anstalten betrieben werden, oder die organismische Verkümmerung der Programmierer? Sind sie Opfer aus erster oder zweiter Hand ihrer Anschläge auf das Leben? Oder wissen sie am Ende genau, was sie tun, und sind sie Opfer insofern, als sie ihr Besserwissen opfern auf dem Altar von Interessen? Die Frage ist nicht ganz müßig, weil der Hebel je nach der Beantwortung anzusetzen ist. Zum Beispiel: Das tautologisch und linear fixierende Schalten des Gehirns jener Veranschläger („hell ist hell"): ist es Ursache oder Wirkung der modernen Schulzentren, die den Kindern ab Vorschulalter durch Ausschaltung irgendwelcher dreidimensionalen Bodenbewegung (Stufen, Treppen) nur noch linear fixierende Bewegungen in der Fläche gestatten (wie Wanzen)? Sind die Sicherungsmechanismen ihrer Sprachlosigkeit Ursache oder Wirkung der Sitzwannen aus Kunststoff, die sie den Kindern verpassen? Statt Hockern oder Stufen, auf denen dem Kind während des Sitzens die Haltung in der Atemsäule ermöglicht wird. Ist die Atemlosigkeit und die Leere des Lebensverschleißes Ursache oder Wirkung jener behördlichen Verordnung, die den Kindern Schaukeln vorenthält?

Prozesse bedürfen ihrer Herausforderung durch ebenso spannungsreiche wie wohlproportionierte Zustandsunterschiede. Im

Hochgebirge können wir uns mit großem Wohlbehagen nackt in kalter Luft von Minus-Graden bewegen, wenn zugleich die Sonne strahlt. Nach diesem Modell wäre in der Klimatechnik zu verfahren: sie dürfte ihr Ziel nicht darin sehen, die Luft zu erwärmen und noch dazu gleichmäßig, sondern sie sollte für wärmeabstrahlende Flächen sorgen (von 23°) in Verbindung mit einer Luftkühle (von 16°). Kinder haben das Bedürfnis, sich barfuß zu bewegen. Dieses Bedürfnis hat seinen Grund in dem energetischen Wechselverhältnis, das die Fußsohle mit wichtigen inneren Organverrichtungen bildet. Eine besondere auf den Fuß konzentrierte Therapie, die sogenannte „Fußsohlen-Reflexmassage", beruht auf der genauen von der Erfahrung hergeleiteten Kenntnis der Wirkbahnen, die bestimmte Reizpunkte auf der Fußsohle (und anderen Stellen am Fuß) mit inneren Organen verbinden.

Wie die Hand das nach außen gewendete Gehirn des Menschen ist – ausgestattet mit einer eigenen Urteilskraft –, so ist der Fuß, insbesondere die Fußsohle, das nach außen – in die Grenzfläche und Grenzschichten – gewendete Leibinnere. Wenn also Kinder gerne barfuß laufen, so betreiben sie damit eine Selbstmassage ihrer Binnenorgane durch den Fuß, seine Gelenke, seine Sohle (vgl. Zeichnung 2).

Die Pädagogik hätte als konkrete Folgerung aus diesem Zusammenhang dafür zu sorgen, daß die Kinder ihren Schultag – und gerade diesen! – barfuß verbringen können. Statt umgekehrt. Das Kind mit seinem jungen, noch fötalen Organismus lernt nicht durch den Kopf, sondern durch Arme, Beine, Füße, Atmung und alle Sinne... plus Kopf. Dieses alles aber kann blühen nur in jener Lebenshülle, die schlicht „die menschliche" heißt. Daran fehlt es am meisten und am ehesten. Sie ist nicht auf dem Verordnungswege zu erreichen. Verordnungen sind Verordnungen. Und Wesentliches gibt es nur in einer einzigen Form: als lebendes Wesen.

Wir wollen uns doch nichts vormachen: alle jene zur Entlebung hinführenden Anschläge von seiten der Informations-Pädagogik und von seiten ihrer baufachlichen Exekutive sind Kompensationen, sind Ersatz für das Fehlen des Einen, auf das es ankommt und das für Geld nicht zu erlangen und mit keiner Technik zu machen ist. Warum nicht? Weil es als etwas Immer-Gegebenes nicht

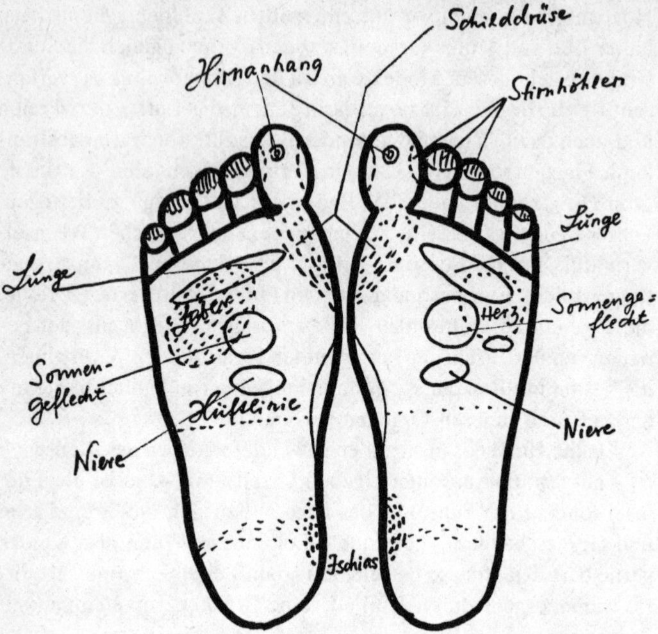

Zeichnung 2

erst zu erlangen und als Immer-schon-Geleistetes nicht erst zu machen ist.

„Was wollt Ihr tun?
Seht: es ist alles getan.“ *(Goethe)*

Damit soll nicht gesagt sein: Ihr könnt die Daumen übereinander drehen und die Hände in den Schoß legen. Gesagt vielmehr ist damit: Was der Mensch zum Leben braucht, das hat er als Leben mitbekommen. Es heißt: Sehen lernen, daß und wie das Getane getan ist. Es heißt: das Getane seinem Wie gemäß weiterzubilden. Es heißt: das Getane tun. Das Geschehen vollbringen. Denn, so Goethe: „Leben nur kann Leben zeugen.“

Der Mensch kann seiner Natur nach nur leben durch Erzeugung von Leben. Erzeugen ist in seinem eigentlichen Sinne, der zugleich sein Wortsinn ist: Bezeugen und Zeuge sein.

Umweltplanung – Weltgestaltung: Auf die Weise, mit der man einen Maschinendefekt behebt, ist der fortschreitenden ökologischen Katastrophe nicht zu begegnen. Deswegen nicht, weil sie Spiegelvorgang des sich fortschreitend entmenschenden Menschen ist. Nur ein um seine Menschwerdung bemühter Mensch könnte der Erde dazu verhelfen, wieder Erde zu sein.

Alle Zukunftsplanung, deren Kompaßnadel nicht in der Polrichtung des lebenzeugenden Menschen zittert, plant ins Nichts.

Die Zukunft ist kein Element der Zeit. Die Zukunft ist der auf uns zukommende wahrer Mensch gewordene Mensch. Wir leben, indem wir diesem zu seinem Empfang ein Fest vorbereiten.

Stufen der Belebung und der unverwesliche Leib

Von Walter Heitler

Ein Charakteristikum unserer heutigen Zeit ist eine tiefe geistige Schizophrenie. Die dominanten Faktoren unseres Lebens sind Naturwissenschaft und Technik, aus denen meist – und fälschlicherweise – positivistisch-materialistische Weltanschauungen als Konsequenz gefolgert werden. Würden diese Konsequenzen zu Recht bestehen und zieht man sie zu Ende, so könnte daraus nur eine absolute Seelenleere, Un-Ethik und ein absoluter Atheismus entstehen. Vielleicht tun wir gut daran, im Auge zu behalten, daß es solche innerlich leere Menschen geben kann und vielleicht in wachsendem Maße geben wird; aber die meisten Menschen sind doch noch beseelte Wesen, die vom naturwissenschaftlich-positivistischen Verstand allein nicht leben können. Das religiöse Bedürfnis z. B. läßt sich nicht unterdrücken. Als Beweis dafür mögen wir auch die Tatsache ansehen, daß viele aus dem Materialismus eine Religion gemacht haben und so in einen Religionsersatz geflüchtet sind. Weite Landstriche der Erde werden heute von solchen unwahren Ersatzreligionen beherrscht.

Aber auch das Echte läßt sich nicht unterdrücken, bei vielen Menschen nicht. Auch da, wo Religion von Staats wegen unterdrückt ist, ist sie im geheimen lebendig. Bei uns leben viele Menschen mehr oder weniger halbreligiös, sie lassen sich doch nicht ganz den „Glauben", oder was sie so nennen, nehmen. Für die aber, die wachen Sinnes sind, türmen sich Schwierigkeiten auf Schwierigkeiten. Hier ergibt sich eine tiefe Zwiespältigkeit. Man kann die Naturwissenschaft nicht ablehnen. Aber wie läßt sich damit ein Glaube z. B. an die Offenbarungen der Bibel vereinen? Es geht heute nicht mehr an, am Werktag naturwissenschaftlicher Materialist zu sein und am Sonntag in die Kirche zu gehen. Das geschah oft im 19. Jahrhundert. Wer aber sich selbst gegenüber ehrlich ist, für den ist eine solche Zwiespältigkeit unerträglich.

Ich glaube nicht, daß die eigentlich naturwissenschaftlichen Aussagen der Bibel die größten Schwierigkeiten bereiten. Zu ihnen gehört z. B. der Schöpfungsmythos. Eine ehrliche, nicht dogmatisch verbogene Naturwissenschaft *muß* zu dem Ergebnis kommen, daß so etwas wie Schöpfungsakte stattgefunden haben. Weder kann Leben aus lebloser Materie noch kann das Empfindungsleben der Tiere und des Menschen aus dem vegetativen Leben der Pflanzen entwickelt werden. Hier handelt es sich um etwas, was durchaus als „Schöpfung" bezeichnet werden muß, weil etwas entstanden ist, was vorher nicht war und nicht aus den Gesetzen des vorigen folgt. In großen Zügen stimmt sogar die Reihenfolge der Schöpfungsakte in der Genesis (1. Schöpfungsbericht) mit unsern erdgeschichtlichen Kenntnissen gar nicht schlecht überein.

Wesentlich schwieriger ist es, Offenbarungsinhalte nicht in krassem Widerspruch mit naturwissenschaftlichen Kenntnissen zu sehen. Was soll der naturwissenschaftlich Gebildete z. B. mit den Engelserscheinungen, die überall im Alten wie im Neuen Testament (und in anderen Religionen) berichtet werden, anfangen oder mit der „Verklärung Christi" oder mit seinem „Auferstehungsleib"? Das sind doch keine naturwissenschaftlichen Begriffe. Sind es Phantasien, Legenden, Mythen, Erfindungen, die man besser in unserem aufgeklärten Zeitalter beiseite läßt? Zahlreiche Theologen haben diesen Schluß gezogen. Das Endresultat war die „Theologie ohne Gott", ein Unding, das ein Widerspruch in sich selbst ist und folglich auch zugrunde gehen wird.

Seien wir uns klar darüber: Wenn wir die Auferstehung leugnen, dann schneiden wir die historische Wurzel des Christentums ab. Ohne die Berichte am Ende aller vier Evangelien und ohne das Erlebnis des Paulus vor Damaskus wäre das Christentum nie und nimmer entstanden. Allein die historische Tatsache, daß Christentum entstanden ist und nahezu 2000 Jahre lebendig war, sollte uns zu denken geben. Sie sollte uns, von allen andern Gründen abgesehen, mahnen, daß wir besser Vorsicht walten lassen, bevor wir der Naturwissenschaft zuliebe die Auferstehung Christi „abschaffen".

Zwischen Naturwissenschaft und Offenbarungsinhalten besteht heute eine Kluft, die uns auf den ersten Blick fast unüberbrückbar erscheint. Und doch: wollen wir selbst nicht in hoffnungslose innere Spaltung verfallen oder ganz veröden, so gehört das Suchen nach einem Weg, diese Kluft in uns zu überbrücken, zu unsern dringenden Aufgaben. Die Welt ist *eine* Welt. Sie kann nicht zerfallen. Es wird wohl unsere Schuld sein, wenn sie uns heute so gespalten vorkommt: hier naturwissenschaftliche Aussagen und Erkenntnisse, dort das Religiöse. Und das ganze geistige Leben (auch die Kunst) irgendwo dazwischen. Es ist auch in der Tat unsere Schuld, Schuld nicht in dem leicht hingesagten Sinn, sondern es liegt auch eine tiefe, wenn auch oft unbewußte, Schuld dahinter. Wie ist das gekommen?

Der Beginn der Naturwissenschaft im heutigen Sinn liegt ungefähr um das Jahr 1600. Was vorher an Naturerkenntnis existierte, dürfte kaum als im Widerspruch zum Religiösen empfunden worden sein. Im Gegenteil. Pythagoreische Erkenntnisse z.B. waren aufs engste mit dem Religiösen (dem orphischen Kult) verbunden.

Seit ca. 1600 aber entwickelte sich die Naturwissenschaft in sehr einseitiger Weise, auf einer Straße, die immer enger wurde. Wir können sie als die mechanistische bezeichnen. Es ist kein Wunder. Um 1600 herum (grob gesprochen) wurden die ersten mechanischen Gesetze entdeckt. Die Mechanik wurde noch im 17. Jahrhundert vollendet. Nun wollte man alles im Ebenbild der Mechanik verstehen – was bis zu einem gewissen Grad, nämlich für die leblose Materie auch gelang. Aber man wollte *alles* so verstehen. Daß die Mechanik uns nicht gerade hilft, Offenbarungen zu begreifen, dürfte klar sein. Die mechanistische Sicht wurde für lange Zeit die dominante Weltsicht. Nicht als ob es nicht Forscher gegeben hätte, die ihre Arbeit gerade als religiöse Aufgabe sahen. Es ist wert, ein paar große Namen zu nennen. Zu ihnen gehörten Kepler, Leibniz, im 17. Jahrhundert und im 19./20. der Mathematiker Cantor und Max Planck – und viele andere. Trotzdem dominierte in den letzten hundert Jahren in der Naturwissenschaft die Tendenz, alles Leben, auch den Menschen, zur Mechanik zu reduzieren. Hierin liegt eine ungeheure Abwertung und daher Schuld.

Heute beginnt sich die Erkenntnis durchzusetzen, daß die mechanistische Straße zu keiner allgemeinen, sondern nur einer sehr verengten Natursicht führt. Es ist die *Öffnung* der Naturwissenschaft gegen die Bereiche des Lebens, gegen das Metaphysische, bis zum Göttlichen hin, die wir fordern und erstreben müssen. Dann wird auch – in ferner Sicht – nicht ein Verständnis, das wäre zu viel gesagt, aber ein ehrfurchtsvolles Erahnen dafür möglich sein, daß Offenbarungen – weit entfernt davon, Halluzinationen und dergleichen zu sein – eine *Vollendung menschlicher Erkenntnis* sind, die höher steht, als jede andere Erkenntnis. Über diese zu befinden, ist Naturerkenntnis nicht berufen. Ein Widerspruch kann auf keinen Fall bestehen.

Wir wollen uns als Thema stellen, etwas besser zu verstehen, was Paulus den „unverweslichen Leib“ nennt, an anderer Stelle auch den „geistigen Leib“ oder den „verklärten Leib“; also den Leib, in dem der auferstandene Christus zuerst der Maria Magdalena, dann den Jüngern erschien. Und wir wollen diese Problematik gerade von der Naturwissenschaft her ansehen. Es scheint ein unmögliches Unterfangen! Auf den Protest der Theologen, daß man doch nicht von der Natur her zum Göttlichen kommen kann, möchte ich mit einem englischen Sprichwort antworten: ‚a cat may look at the king – Eine Katze darf zum König emporschauen‘, was anderen Sterblichen, mit Ausnahme einer kleinen auserlesenen Schar, verwehrt ist. Die Katze ist zu unscheinbar, sie darf es. So wollen wir uns in die Position der Katze begeben und uns zuerst unten umschauen und dann nach oben blicken. Schauen ist nicht verboten. Wir wollen geduldig sehen, wie weit unser Blick reicht. Wir fangen ganz unten an.

Die leblose Materie wird durch die Gesetze der Physik und Chemie beherrscht. Sie schreiben ein starres Verhalten vor, das nach Vorgabe gewisser Anfangsbedingungen, den Verlauf der Vorgänge völlig bestimmt. Die Vorgänge lassen keinen Sinn und kein Ziel erkennen, außer eben dem Gesetz zu folgen. Die Materie ist gestaltlos (ein aufgelesener Stein, ein Sandhaufen) oder hat die starre Form des Kristalls. Der Kristall ist geradezu ein Abbild und Symbol strenger Gesetzlichkeit, was der Schönheit beider keinerlei Abbruch tut.

Eine wichtige Feststellung müssen wir hier noch machen: Ein Gesetz ist auf alle Fälle etwas Geistiges. Es hat hier seine Existenz in der Natur und durchdringt die Materie. Der menschliche Geist erkennt das Gesetz, hat es aber nicht geschaffen. Diese Tatsache wird vom Positivismus von heute vollständig verkannt. Wir können nicht umhin, ein Geistiges in der Welt anzuerkennen, zu dem menschlicher Geist (beschränkten) Zugang hat. Dies wird uns nachher noch beschäftigen.

Wenden wir uns nun zunächst dem vegetativen Leben zu: Ein pflanzlicher Organismus unterscheidet sich von lebloser Materie in vielfacher Hinsicht. Wir greifen nur einige markante Charakteristiken heraus. Es gibt eine Entwicklung, die vom Samen zur erwachsenen Gestalt, zur Blüte und dann zur Frucht drängt. Die Pflanze hat die Fähigkeit, sich selbst nach einem im Samen offensichtlich verschlüsselt enthaltenen Bauplan selbst aufzubauen und zu gestalten. Die Gestalt einer Eiche oder eines Mooses läßt sich mit Physik und Chemie nicht einmal beschreiben, weil Gestaltbegriffe in der Physik gar nicht vorkommen. Folglich können sie auch nicht aus der Physik abgeleitet werden. Beim Selbstaufbau werden die physikalischen und chemischen Prozesse „benutzt", um einem *Ziel* zu dienen, eben dem Aufbau in die Gestalt. Die Prozesse sind zielgerichtet und sinnvoll. Der Sinn liegt in einer Koordination der Prozesse (z.B. Wasseraufnahme durch die Wurzeln, Assimilation durch die Blätter usw.), die dem Leben des *ganzen* Organismus, der eine Ganzheit ist, dienen. Das, was diesen gestalteten Aufbau bewirkt, wollen wir das Innenwesen[1] des Organismus nennen, ohne damit mehr als seine offensichtliche Existenz auszusagen. Wir wissen nicht viel von ihm außer seinen Manifestationen.

Hieraus folgt etwas für uns sehr Wichtiges: Wenn das Innenwesen des Organismus das Wachstum lenkt, dann können die physikalisch-chemischen Gesetze nicht mehr in *vollem* Umfang gültig sein. Sie werden vom Leben „überspielt". Ihre volle Gültigkeit würde ja zur Gestaltlosigkeit des Leblosen oder zur Form des Kristalls führen. Die Gesetze der Physik und Chemie sind natürlich nicht einfach außer Kraft gesetzt, sie sind aber etwas zurückgedrängt, um dem Leben, der Tätigkeit des Innenwesens Raum zu geben[2]. Die Materie des Organismus nennen wir *belebt,* weil sie lebendigen Gesetzen gehorcht und nicht nur den starren Gesetzen

---

[1] Ausdruck von Portmann und Zoller. Bei Aristoteles „psyche".

[2] Über das Verhältnis von lebloser und lebender Materie gibt es tiefe Gedanken, die an den Begriff der Komplementarität (Niels Bohr) anknüpfen. Wir können hier darauf nicht eingehen (vgl. mein Buch „Naturphilosophische Streifzüge", Vieweg 1970).

der leblosen Materie. Wir wollen von einer *ersten Stufe der Belebung* sprechen.

Es ist klar, daß auch die Gesetze des Lebendigen einem Geistigen der Welt angehören, das nicht der Mensch erfunden hat. Wir verstehen es am besten, wenn wir uns an die Platonsche Ideenlehre anlehnen, aber sie nicht wörtlich übernehmen. Das Gesetz der Physik wie auch der Bauplan der Pflanzen (bei Goethe „Urpflanze" genannt) sind „Ideen", geistige Urbilder, die aber nicht, wie die Ideen der Geometrie (die Plato kannte) für sich allein, außerhalb der Materie stehen, sondern die Materie durchdringen und regieren. Plato dagegen betrachtete diese „Ideen" als von der Materie getrennt. Viele Forscher haben diese geistige Welt der Urbilder als göttliche Schöpfung angesehen, und viele tun es heute.

Wenden wir uns den Tieren zu: Alles bei den Pflanzen Gesagte gilt auch hier, obwohl die Gestalten natürlich total verschieden sind von denen der Pflanzen. Aber es kommt etwas Neues hinzu. Tiere haben ein erlebtes Innenleben. Sie sehen, riechen und hören, zum Teil besser als der Mensch. Sie empfinden Hunger, Schmerz und Freude wie wir. Sie bewegen sich, führen also gewisse motorische Akte aus, ebenfalls wie wir. Für all das ist das Nervensystem das materielle Substrat.

Äußere Reize erzeugen Vorgänge im Nervensystem, die die Empfindungen veranlassen. Von einer eindeutigen Zuordnung von Reiz zu Empfindung kann aber keine Rede sein, weil sich die Qualität der Empfindung gar nicht auf die Qualitäten und Quantitäten der äußeren Reize abbilden läßt[3].

Auch das Umgekehrte gilt: Seelische Kausalfaktoren verursachen körperliche Vorgänge. Aus dem menschlichen Leben, das in dieser Hinsicht in vielem dem tierischen ähnlich ist, wissen wir allzugut Bescheid darüber. Schreck erzeugt Herzklopfen, Erwartung des Futters führt zu Speichelproduktion, Scham (nur beim Menschen) zu Blutansammlung im Gesicht. Seelische Komplikationen erzeugen physische, zum Teil schwere Krankheiten. Die Beispiele ließen sich beliebig vermehren.

Hier ist völlig klar, daß die Physik noch weniger absolut gelten

---

[3] Ausführlichere Argumente in meinem Buch, siehe Anmerkung [2].

kann als bei den Pflanzen. Es sind neue Kausalfaktoren aufgetreten, die die physischen Vorgänge beeinflussen und lenken. Hiervon sind der ganze Körper und seine Funktionen ergriffen (Blutkreislauf, Atmung, Bewegungsapparat). Es läßt sich mit Sicherheit schließen, daß die Gültigkeit der Physik und Chemie um ein weiteres Stück zurückgedrängt ist. Der tierische und menschliche Körper hat eine weitere, zweite Stufe der Belebung erreicht, die eigentlich eine Beseelung ist.

Wir kommen nun zum Menschen. Ist der Mensch ein höher entwickeltes Tier, wie es die Darwinisten behaupten, oder ist er ein Wesen für sich? Körperlich gesehen, ist er ein Säugetier. So sieht es jedenfalls aus, aber ganz wahr ist auch das nicht. Der Schöpfungsbericht spricht von der Gott-Ebenbildlichkeit. Von den Tieren ist das nicht gesagt. Was ist hier gemeint?

Was den Menschen vom Tier unterscheidet, ist sein Geist. Das deutsche Wort „Geist" hat eine ungeheuer große Spannweite von sehr verschiedenen Bedeutungen. Wir sprechen davon, daß ein Mensch eine geistige Beschäftigung hat, wenn er ein Buch liest, eine Dampfturbine konstruiert oder die Akten eines Strafprozesses studiert. Von da bis zu den Menschen, die wir geistig schöpferisch nennen, z. B. Mozart, Leibniz oder Max Planck, ist es ein weiter Weg. Und vielleicht ist es von da ebensoweit oder noch weiter zu den Heiligen oder den Empfängern von Offenbarungen, etwa zu einem Mose, Buddha oder Franz v. Assisi. Wenn wir auf der andern Seite an die geistig ganz Stumpfen denken, etwa die, die eine Ideologie nachplappern, ohne zu denken, dann hat das, was wir den menschlichen Geist nennen, auch schon eine ungeheure Spannweite.

Wir haben oben auch vom Geist der Welt gesprochen, den Urbildern, nach denen die Welt gemacht ist und die die Welt regieren. Es ist gerechtfertigt, ihn den kosmischen Geist zu nennen. Er umfaßt natürlich sehr viel mehr als die Naturgesetze und die Gesetze der Mathematik. Auch schöpferische Künstler, besonders die großen unter ihnen, die meist bescheiden sind, sprechen lieber von einem begnadeten Empfangen als von ihren eigenen Schöpfungen. So dürfte das Reich des Geistes auch die Kunst umfassen.

Die Griechen haben zwei Worte für Geist: Der kosmische Geist ist „pneuma", der menschliche Geist ist eher „nous". Der Mensch kann aber, wie wir gesehen haben, Zugang zum pneuma haben und von ihm durchdrungen werden.

Im Neuen Testament hat pneuma noch eine sehr viel höhere Bedeutung. Pneuma hagion ist der Heilige Geist. Gott selbst wird als Geist bezeichnet. „Gott ist Geist, und die ihn anbeten, müssen ihn in Geist und Wahrheit anbeten" (Joh 4,24).

Einer der wesentlichsten Punkte des Christentums ist die Teilnahme des Menschen am Heiligen Geist. Die Erfüllung mit diesem Geist war der große Wendepunkt, der die Jünger und später Paulus endgültig zu Christen machte.

Kehren wir zum Menschen und zum menschlichen Geist zurück. Auch hier besteht nicht der geringste Zweifel, daß der Geist aufs engste mit dem Körper verbunden ist. Das Gehirn ist das Instrument des Denkens, das eine geistige Funktion ist. Schädigungen des Gehirns haben geistige Schädigungen zur Folge. Ob es außerdem körperfreie geistige Erlebnisse und Tätigkeiten beim Menschen gibt, wissen wir wohl nicht bestimmt; es gibt Gründe, es anzunehmen, aber wir können das offenlassen.

Man kann mit Sicherheit sagen, daß auch der Geist auf den Körper wirkt. Man braucht z. B. nur die Gesichter geistig bedeutender Menschen zu sehen, um es zu wissen. Es ist auch ganz selbstverständlich, daß viele Körperbewegungen durch den Geist bestimmt sind. Wenn ich diesen Text schreibe, ist die Bewegung meiner Finger durch meine Gedanken bestimmt, gleichgültig ob sie richtig oder falsch sind. Wenn ein Pianist (gut oder schlecht) eine Sonate spielt, so bestimmt die Sonate, also etwas Geistiges, die Bewegung der Finger. Es wäre ganz lächerlich, zu behaupten, die Fingerbewegung sei durch die Physik völlig determiniert.

Von alledem kann bei einem Tier keine Rede sein, auch wenn wir eine gewisse Denkfähigkeit einem Schimpansen und ein gewisses Maß von künstlerischem Sinn dem Gesang einer Amsel zubilligen. Die Grenzen der verschiedenen Stufen sind eben nicht scharf, aber die Stufe zum Menschen ist hoch. Dem menschlichen Körper ist also eine weitere, dritte Stufe der Belebung zuzuschreiben. Wenn es nicht so hochtrabend klingen würde, müßten wir sagen, der menschliche Körper ist durchgeistigt. Das sagt nicht mehr aus, als daß Geistiges, wenn es auch wenig ist, den Körper mitbestimmt. Natürlich ist es auch ein bestimmender Faktor für das Vegetativ-

Lebendige und das Seelenleben. Der Mensch ist also auch körperlich nicht nur ein Säugetier.

Auch der Einfluß des Geistes auf den Körper und das Seelenleben variiert sehr stark. Bei vielen ist dieser Einfluß gering, sie folgen ihren körperlichen Wünschen und seelischen Instinkten. Dann aber gibt es die, die Unglaubliches in der Beherrschung ihres Körpers vollbringen. Beherrschung heißt hier nicht nur Selbstbeherrschung und Unterdrückung der Wünsche, sondern überhaupt Lenkung von Körper und Seele. Wir mögen uns noch einmal an die Heiligen Europas und Asiens (vor allem auch Indiens) erinnern.

Unsere Linie hat uns über mehrere Stufen geführt: der Belebung im vegetativen Leben, der Beseelung in Tier und Mensch und der „Durchgeistigung", wenn wir diesen Ausdruck einmal benutzen dürfen, im Mensch, die recht hohe Grade annehmen kann. Auf jeder Stufe (die Stufen sind natürlich nicht scharf getrennt) tritt die Beherrschung des Körpers durch die Gesetze des Toten – die Gesetze der Physik und Chemie – gradweise zurück. Aber immer noch ist auch der menschliche Körper weitgehend der Physik unterworfen.

Hier hört nun die Linie auf, soweit sie die sichtbare Natur, einschließlich Mensch, betrifft. Es stellt sich aber in natürlicher Weise die Frage, ob sie sich noch fortsetzt oder fortsetzen läßt. Die Frage ist nicht abwegig, weil es bekannt ist, daß die Welt sich entwickelt hat. Der Mensch war auch nicht immer so, wie er jetzt ist, und es gab Zeiten, wo er noch gar nicht da war, wenigstens nicht als irdisches Geschöpf. Daß er sich weiterentwickeln kann oder wird, ist jedenfalls im Bereich des Denkbaren und wird ja auch von vielen Forschern angenommen. Denkbar ist allerdings auch, daß er sich abwärts entwickelt und verliert, was er schon besaß. Man wird die heutige Zeit nicht verstehen, wenn man jedenfalls für viele diese Möglichkeit nicht auch in Betracht zieht.

Denken wir aber an die Entwicklungsmöglichkeiten nach oben. Man wird ohne weiteres vermuten können, daß eine noch größere Beherrschung des Körpers durch den Geist, mit einem weiteren Zurücktreten der Determiniertheit durch die Physik, möglich ist. Wir haben kein anderes Wort als Geist, um dies zu beschreiben; aber es ist klar, daß damit die höheren Formen dieses so bedeutungsreichen Wortes gemeint sind.

Die Frage ist nun, wie eine solche Entwicklung zustande kommt. Tritt sie von allein ein, als Teil eines Evolutionsgeschehens, das den Menschen betrifft? Der religiös Gestimmte würde wohl hier von Gnade sprechen. Oder aber, kann der Mensch durch eigene Anstrengung diese Entwicklung fördern, so wie er ja auch normalerweise in diesem Leben durch Anstrengung „Fortschritte" macht und wie manche der Mystiker sehr Hohes erreicht haben? Wir wollen diese Fragen gar nicht zu beantworten suchen. Die Antwort mag auch lauten, daß beides möglich und wohl auch nötig ist.

Wesentlich ist, daß hierbei die Notwendigkeit und Determiniertheit, die dem physikalischen Gesetz anhaftet, mehr und mehr in den Hintergrund tritt und natürlich auch die rein biologischen Funktionen. Hier ist der Raum auch, in dem Freiheit besteht.

Wir gehen weiter auf diesem Weg und fragen nach dem fernen Ziel, zu dem er hinführt. Der Naturwissenschafter würde sagen, wir fangen an zu extrapolieren, vielleicht bis ins Unendliche. Und doch liegt dieser Endpunkt eigentlich recht klar vor unsern Augen:

Es wäre ein Körper, der ganz von höchstem Geist durchdrungen ist; in dem die Gesetze der Physik und Chemie, d.h. des Toten, nur wenig mehr bedeuten. In diesem Körper ist also „der Tod überwunden". Dieser höchste Geist kann nur göttlicher Geist sein.

Das Außerkraftsetzen der Physik bedeutet, daß physische Augen, die physisches Licht, und nur dieses, wahrnehmen, diesen Körper nicht sehen können. Dazu gehört etwas, was wir das Auge des Geistes nennen. Nicht allen Menschen ist dieses Auge geöffnet. Es spielt aber schon manchmal im normalen Leben eine Rolle: da wo wir neue Gedanken haben, wo uns etwas einfällt, wo wir etwas erkennen, wo wir ein Kunstwerk in uns aufnehmen – erst recht natürlich, wo Menschen geistig schöpferisch sind. Wir sagen vielleicht: „Es geht uns ein Licht auf." Viel mehr aber wird dazu gehören, um einen solchen, ganz vom Geiste durchdrungenen Körper zu sehen.

Dies wird gleich deutlicher werden. Man wird fragen, mit welchem Recht wir hier überhaupt noch von einem Körper, von Materie reden können. Die Antwort ist a priori schwer zu geben, wie es überhaupt falsch wäre, eine allzu detaillierte Beschreibung zu versuchen. Eine Antwort wird uns aber das Neue Testament geben. Klar ist, daß die physikalische Materie einem solchen Körper keinen Widerstand entgegenzusetzen braucht.

Es dürfte deutlich geworden sein, daß das, was wir hier mit sehr ungenügenden Worten zu skizzieren versucht haben, zu der Beschreibung paßt, die die Evangelisten und Paulus von dem Leib des auferstandenen Christus gegeben haben. Er wurde von Paulus der „unverwesliche Leib" (1 Kor 15,42) oder „geistige Leib" (ebd. 44) genannt. Vor Damaskus erschien er ihm – und überwältigte ihn. Er wußte also, wovon er sprach.

Der Auferstandene erschien nur wenigen Menschen; zuerst den Frauen um Maria Magdalena, dann den Jüngern und (nach Paulus) einmal rund 500 Menschen. Die anderen Menschen sahen ihn nicht. Die, die ihn sahen, denen waren die „Augen aufgetan" (Lk 24,31).

Es gab also nur wenige Menschen, die das „aufgetane Auge" hatten, das den auferstandenen Christus sehen konnte. Den Mystikern und Heiligen waren später in ähnlichem Sinn solche Augen beschieden. Heute dürfte es nur wenige geben, und man weiß im allgemeinen nicht von ihnen. Ohne das „aufgetane Auge" ist aber nie Religion entstanden. Früher nahm man ehrfurchtsvoll an, was Menschen, die jenseits der Sinne sahen, verkünden konnten. Ein Teil des Elends unserer Zeit mit ihrem materialistischen Zeitgeist besteht darin, daß man das offene Auge und das, was es sah, nicht mehr wahrhaben will. So ist der Sinn für Geistiges im Abnehmen, wenn nicht im Aussterben begriffen.

Der Auferstandene kam durch verschlossene Türen und verschwand auf dieselbe Weise. Materie war also kein Hindernis für ihn, was den nicht-physischen Charakter dieses Leibes bezeugt. Die Beschreibungen zeigen aber eindeutig, daß dieser unverwesliche Leib *Gestalt* hatte oder als Gestalt erschien. Und es war menschliche Gestalt. Das ist es, was uns wohl berechtigt, noch von Leib oder Körper zu reden.

Es gibt aber auch Stellen, in denen wesentlich konkreter und „materieller" vom Leib des Auferstandenen gesprochen wird. Er ißt Fisch und Honigseim (Lk 24,42–43). Dem ungläubigen Tomas zeigt er seine Hände, und er läßt ihn „die Hand in seine Seite legen" (Joh 20,27). Christus mag es in seiner Macht gehabt haben, auch wesentlich körperlicher zu erscheinen, wenn es darum ging, die

Jünger von seiner lebendigen Existenz zu überzeugen. Es mag auch sein, daß die Evangelisten die körperliche Seite des Auferstehungsleibes besonders betont haben – aus dem gleichen Grund.

Die volle Durchdringung des Körpers mit göttlichem Geist wird uns auch an einer anderen Stelle sehr eindrucksvoll gezeigt. Es ist die sogenannte „Verklärung Christi" auf dem Berg Tabor (Mt 17,1–9). Gesicht und Kleid des verklärten Christus erschienen den drei anwesenden Jüngern für kurze Zeit in strahlendem Licht. Wir mögen hiervon als eine Vorwegnahme der Auferstehung denken. Das Licht dürfte kaum das übliche physikalische Licht gewesen sein. Diese überwältigende und Ehrfurcht gebietende Stelle zeigt mit aller Deutlichkeit die tiefgehende Verwandlung des Körpers durch das Eindringen des Geistes, die in diesem Fall grandiose Ausmaße annahm.

Nach Paulus ist den Menschen versprochen, einmal auch in einem solchen „unverweslichen Leib auferstehen" zu dürfen (1 Kor 15,42–45). Wie der Mensch dazu kommt, ist dieselbe Frage, die für seine Höherentwicklung schon oben berührt wurde. Vermutlich wird Gnade sowohl wie eigenes Bemühen dazu nötig sein. Und in welcher Richtung das Bemühen gehen muß, steht ja in aller Ausführlichkeit und Eindeutigkeit im Neuen Testament. Daß Liebe an erster Stelle zu nennen ist, ist fast selbstverständlich. Es ist nicht unsere Aufgabe, hierauf einzugehen.

Der wesentliche Kern unserer Ausführungen ist die Entwicklung des Menschen hin zum Geistigen. Die beiden Endpunkte dieser Entwicklung beschreibt Paulus mit den folgenden lapidaren Worten, deren Kürze und Klarheit nicht übertroffen werden kann (1 Kor 15,45):

„Der erste Mensch, Adam, wurde zur lebendigen Seele (Zitat aus dem 2. Schöpfungsbericht), der letzte Adam wurde zu einem lebendig-machenden Geist."

Der „erste Adam" ist der natürliche, noch nicht oder wenig geistbegabte Mensch. Er hat Leben und Seele. Der „*letzte* Adam" ist Christus oder der *vollkommen* vom Geist durchdrungene Mensch. – Deutlicher läßt sich das hier Gemeinte kaum belegen.

Auch Johannes (der Evangelist) besteht darauf, daß das Durchdrungenwerden mit Geist eine absolute Notwendigkeit für die menschliche Entwicklung ist: „Wenn jemand nicht aus Wasser und

Geist geboren wird, kann er nicht in das Reich Gottes kommen" (Joh 3,5).

Zwischen den beiden Endpolen, die Paulus beschreibt, liegt ein langer, weiter Weg, und auf ihm sind viele Menschen, die ein kleines oder ein etwas größeres Stück darauf gegangen sind.

Kehren wir zum Beginn unseres Vortrags zurück. Es ist klar, daß keine Rede davon sein kann, daß Naturwissenschaft und Offenbarungsinhalte sich widersprechen. Um das zu sehen, dazu gehört freilich, daß die Naturwissenschaft ihre Grenzen kennt und sich weit öffnet gegenüber dem Lebendigen und der Unendlichkeit der geistig-metaphysischen Welt. Die Naturwissenschaft ist selbst ein Produkt des Geistes. Sie ist folglich nicht Richter *über* den Geist; sie entscheidet über Wahrheit und Unwahrheit in ihrem eigenen Bereich und kann nicht befinden über metaphysische Dinge, die außerhalb ihrer Grenzen liegen.

Nur eine solche weit offene Naturwissenschaft ohne materialistische Verengungstendenzen kann und darf für die Geisteswissenschaften, insbesondere die Theologie, den Wert von Wahrheit haben und als wahr akzeptiert werden. Wenn dies einmal eingesehen ist, dann dürfte die letztere kaum noch Grund haben, ihre eigenen überlieferten transzendenten Wahrheiten als Legende, Mythos oder gar Halluzination und Phantasie abzuwerten, um dann das Christentum auf bloße Sozialreformen zu reduzieren und damit ihren eigenen Horizont zu verengen.

Vielleicht dürfen wir dann hoffen, diejenige Harmonie zwischen unseren verschiedenen eigenen geistigen Komponenten wiederzufinden, die bis vor wenigen Jahrhunderten die Regel war und dann verlorenging, nach der sich aber jeder nicht verflachte und nicht verideologisierte Mensch heute sehnt und sehnen muß.

Über die Autoren

Heinrich Zoller, geboren 1923 in Basel; Studien in Basel, Zürich, Helsinki, Göttingen und Paris, seit 1960 Professor für Systematik und vergleichende Morphologie der Pflanzen an der Universität Basel. Vorsitzender des Gesprächskreises über die Verantwortung der Wissenschaft.

Joachim Illies, geboren 1925; Professor für Zoologie an der Universität Gießen und Leiter der Außenstelle eines Max-Planck-Instituts in Schlitz/Hessen. Neben zahlreichen Vorträgen, Zeitungsartikeln und wissenschaftlichen Fachveröffentlichungen viele allgemeinverständliche Bücher, zuletzt „Zoologie des Menschen" und „Anthropologie des Tieres" (Piper).

Walter Herbst, Dr. phil. nat., geboren 1907; Studium der Biologie, Physik, Chemie und Philosophie. Wissenschaftlicher Mitarbeiter am Institut für Biophysik und Strahlenbiologie der Universität Freiburg i. Br. Zahlreiche fachwissenschaftliche Veröffentlichungen auf den Gebieten der angewandten Biologie, der Radiologie und des Strahlenschutzes.

Wladimir Lindenberg, geboren 1902 in Moskau; dort verbrachte er seine Jugend und seine Schulzeit, 1918 emigrierte er nach Deutschland, wo er Medizin und Psychologie studierte. 1926 ärztliche Tätigkeit und Weltreisen als Schiffsarzt. 1947–1959 Chefarzt der Hirnverletztenabteilung im ev. Waldkrankenhaus Berlin-Spandau. Zugleich Gerichtsgutachter in bezug auf hirngeschädigte Rechtsbrecher. Psychologisch philosophischer Schriftsteller.

Alfons Rosenberg, geboren 1902 in München; ursprünglich Maler, dann Studien zur Symbolkunde, ab 1935 theologische und psychologische Studien in Zürich. Verfasser von über dreißig Büchern, zuletzt erschienen „Durchbruch zur Zukunft" (Turm-Verlag), „Die Seelenreise" (Turm-Verlag), „Die Zauberflöte" (Prestel), „Leben nach dem Sterben", Hrsg. (Kösel).

Christa Meves, geboren 1925; Studium der Germanistik, Geographie und Philosophie an den Universitäten Breslau und Kiel, Staatsexamen in Hamburg, dort zusätzlich Studium der Psychologie. Psychagogenausbildung an den Psychotherapeutischen Instituten Hannover und Göttingen. Freipraktizierend in Uelzen, Arztfrau und Mutter zweier Töchter. Neben wissenschaftlichen Fachveröffentlichungen zahlreiche Schriften zur Psychologie und Pädagogik.

Hugo Kükelhaus, geboren 1906 in Essen; Abitur, Ausbildung als Tischler und Zimmermann mit Meisterprüfung. Universitätsstudien ohne Berufsziel: Mathematik, Logik, Soziologie, Medizin. – Erstveröffentlichung 1934: „Urzahl und Gebärde“. Zahl als harmonikale Energie. Monografienreihe: Technische Kulturdenkmale. Tätig als Plastiker, Grafiker und Maler. Physiologischer Berater von Klinik- und Schulbauten.

Walter Heitler, Professor Dr. Dr. h.c., Theoretischer Physiker. Privatdozent Göttingen 1929–33, Research Fellow, Bristol 1933–49, Professor Dublin Institute for Advanced Studies 1941–49, Professor Universität Zürich seit 1949. Max-Planck-Medaille, Marcel-Benoist-Price.